高等职业教育土木建筑类专业教材

建筑CAD

主 编 杨 谦 武 强
参 编 凌 飞 王 涛
　　　孙培华 张 艳

北京理工大学出版社
BEIJING INSTITUTE OF TECHNOLOGY PRESS

内 容 提 要

本书共由10章内容组成，分别为AutoCAD建筑制图基础、AutoCAD基本制图命令、AutoCAD高级制图命令、文字及尺寸标注、绘制建筑平面图、绘制建筑立面图、绘制建筑剖面图、绘制建筑详图、AutoCAD三维制图、AutoCAD图形打印及快捷键，详细阐述了AutoCAD 2010的使用方法和绘图技巧，能帮助学生融会贯通、灵活运用并独立绘制工程图形。

本书可作为高等职业院校相关专业的教材，也可作为建筑工程技术人员参考用书。

版权专有　侵权必究

图书在版编目(CIP)数据

建筑CAD／杨谦，武强主编. —北京：北京理工大学出版社，2013.5(2021.1重印)
ISBN 978-7-5640-7734-1

Ⅰ.①建… Ⅱ.①杨… ②武… Ⅲ.①建筑设计－计算机辅助设计－AutoCAD软件
Ⅳ.①TU201.4

中国版本图书馆CIP数据核字(2013)第107080号

出版发行／北京理工大学出版社有限责任公司	
社　　址／北京市海淀区中关村南大街5号	
邮　　编／100081	
电　　话／(010)68914775(总编室)	
(010)82562903(教材售后服务热线)	
(010)68948351(其他图书服务热线)	
网　　址／http://www.bitpress.com.cn	
经　　销／全国各地新华书店	
印　　刷／河北鸿祥信彩印刷有限公司	
开　　本／787毫米×1092毫米　1/16	
印　　张／12.5	责任编辑／王玲玲
字　　数／260千字	文案编辑／王玲玲
版　　次／2013年5月第1版　2021年1月第13次印刷	责任校对／周瑞红
定　　价／38.00元	责任印制／边心超

图书出现印装质量问题，请拨打售后服务热线，本社负责调换

Preface 前 言

本书基于AutoCAD 2010的基本功能及操作，主要针对高职高专院校土建类专业学生及建筑工程技术人员，详细介绍了AutoCAD 2010在建筑工程中的应用，使读者对绘制软件在工程上的应用有一个很好的感性认识，并使读者在实际操作时熟练掌握AutoCAD 2010的使用方法和绘图技巧，能够融会贯通、灵活运用并独立绘制工程图形。

本书共分10章，主要内容有：系统的主界面及其大概功能、工具栏的应用及其相应操作；命令的激活方式及文件的打开、新建、保存方式；常用快捷键及帮助功能；控制显示方式及操作、绘图单位及图形界限的设置、多窗口功能、系统坐标概念及输入方式；二维基本绘图命令及复杂的二维绘图命令；对象特性与图层；对象的编辑与修改；图案的填充与编辑；捕捉和栅格、正交与极轴、对象捕捉与追踪、动态输入功能的操作与应用；对象几何特征的查询方法；各种标注的创建，标注样式的定义、编辑与修改，标注的编辑与修改；块的创建与使用、编辑与修改；文字样式的定义，文字的创建与编辑、应用；建筑平面图、立面图及剖面图的基本绘制方法；图纸常用的打印输出的设置、方式及步骤。

本书由陕西工业职业技术学院杨谦、武强任主编，陕西工业职业技术学院多位教师参与编写，具体编写分工为：绪论、第1章、第10章由武强编写，第2章、第3章由凌飞编写，第4章由王涛编写，第5章、第7章由孙培华编写，第6章、第8章由张艳编写，第9章由杨谦编写。

本书在编写过程中得到了陕西工业职业技术学院多位教师的大

力支持，在此表示衷心的感谢，同时对所引用参考文献的作者表示衷心的感谢。

本书是编者在总结多年教学经验与工程实践经验的基础上编写而成的，既可作为高等院校相关专业的教材，也可作为从事建筑工程的技术人员的参考书。由于编者水平有限，书中难免有错误和不足之处，敬请广大读者批评指正，以便今后改进和完善。

编　者

Contents 目 录

 绪论 / 1

 第1章　AutoCAD建筑制图基础 / 5
　　1.1　启动AutoCAD软件 / 5
　　1.2　设置绘图环境 / 6
　　1.3　管理图形文件 / 9
　　1.4　使用图层 / 11
　　1.5　设置对象特性 / 13
　　1.6　快速缩放平移视图 / 16
　　1.7　获取帮助 / 18

 第2章　AutoCAD基本制图命令 / 20
　　2.1　基本绘图命令 / 20
　　2.2　图形对象编辑 / 43

 第3章　AutoCAD高级制图命令 / 67
　　3.1　图案填充 / 67
　　3.2　块 / 72
　　3.3　边界和面域 / 86

第4章　文字及尺寸标注 / 90
　　4.1　文字 / 90
　　4.2　表格 / 94
　　4.3　标注 / 97

第5章 绘制建筑平面图 / 108
5.1 建筑平面图基础 / 108
5.2 标准层、底层、顶层平面图绘制 / 123

第6章 绘制建筑立面图 / 127
6.1 建筑立面图基础 / 127
6.2 创建构件 / 128

第7章 绘制建筑剖面图 / 136
7.1 建筑剖面图基础 / 136
7.2 创建构件 / 138

第8章 绘制建筑详图 / 145
8.1 建筑剖面详图绘制 / 145
8.2 天沟详图绘制 / 150

第9章 AutoCAD三维制图 / 176
9.1 三维视图 / 176
9.2 用户坐标系 / 178
9.3 绘制三维实体 / 179

第10章 AutoCAD图形打印及快捷键 / 182
10.1 图形打印 / 182
10.2 AutoCAD 2010功能键和快捷键 / 184

参考文献 / 191

绪　　论

CAD(Computer Aided Drafting)诞生于 20 世纪 60 年代，是美国麻省理工大学提出了交互式图形学的研究计划。由于当时硬件设施昂贵，只有美国通用汽车公司和美国波音航空公司使用自行开发的交互式绘图系统。70 年代，小型计算机价格下降，美国工业界才开始广泛使用交互式绘图系统。80 年代，由于 PC 的应用，CAD 得以迅速发展，出现了专门从事 CAD 系统开发的公司。当时 VersaCAD 是专业的 CAD 制作公司，其开发的 CAD 软件功能强大，但价格高昂，不能得到普遍应用。而当时的 Autodesk 公司是一个仅有数名员工的小公司，其开发的 CAD 系统虽然功能有限，但因其可免费复制，故在社会得以广泛应用。同时，由于该系统的开放性好，该 CAD 软件升级迅速。

AutoCAD 是由美国 Autodesk 公司于 20 世纪 80 年代初为微型计算机上应用 CAD 技术而开发的绘图程序软件包，经过不断完善，现已成为国际上广为流行的绘图工具。AutoCAD 具有良好的用户界面，通过交互菜单或命令行方式便可以进行各种操作。它的多文档设计环境，让非计算机专业人员也能很快地学会并使用，在不断实践的过程中更好地掌握它的各种应用和开发技巧，从而不断提高工作效率。AutoCAD 具有广泛的适应性，可以在各种操作系统支持的微型计算机和工作站上运行，并支持分辨率由 320×200 到 $2\,048 \times 1\,024$ 的各种图形显示设备 40 多种，以及数字仪和鼠标器 30 多种，绘图仪和打印机数十种，这就为 AutoCAD 的普及创造了条件。

AutoCAD 能以多种方式创建直线、圆、椭圆、多边形、样条曲线等基本图形对象，提供了正交、对象捕捉、极轴追踪、捕捉追踪等绘图辅助工具。正交功能使用户可以很方便地绘制水平、竖直直线，对象捕捉可帮助拾取几何对象上的特殊点，而追踪功能使画斜线及沿不同方向定位点变得更加容易。

AutoCAD 具有强大的编辑功能，可以移动、复制、旋转、阵列、拉伸、延长、修剪、缩放对象等；可以创建多种类型尺寸；能轻易在图形的任何位置、沿任何方向书写文字，可设定文字字体、倾斜角度及宽度缩放比例等属性；由于图形对象都位于某一图层上，可设定图层颜色、线型、线宽等特性。

AutoCAD 可创建 3D 实体及表面模型，能对实体本身进行编辑；用户可将图形在网络上发布，或是通过网络访问 AutoCAD 资源。AutoCAD 提供了多种图形图像数据交换格式及相应命令。

AutoCAD 允许用户定制菜单和工具栏，并能利用内嵌语言 Auto Lisp、Visual Lisp、VBA、ADS、ARX 等进行二次开发。

AutoCAD广泛应用于土木建筑、装饰装潢、城市规划、园林设计、电子电路、机械设计、服装鞋帽、航空航天、轻工化工等诸多领域。Autodesk开发了行业专用的版本和插件，在机械设计与制造行业中发行了AutoCAD Mechanical版本；在电子电路设计行业中发行了AutoCAD Electrical版本；在勘测、土方工程与道路设计行业发行了Autodesk Civil 3D版本。学校里教学、培训中所用的一般都是AutoCAD Simplified版本，没有特殊要求的服装、机械、电子、建筑行业的公司用的基本都是AutoCAD Simplified版本。所以AutoCAD Simplified基本上算是通用版本。

AutoCAD尽管有强大的图形功能，但其表格处理功能相对较弱，然而在实际工作中，往往需要在AutoCAD中制作各种表格（如工程数量表等），如何高效制作表格，是一个很实用的问题。在AutoCAD环境下用手工画线方法绘制表格，然后再在表格中填写文字的方法不但效率低下，而且很难精确控制文字的书写位置，文字排版也很成问题。尽管AutoCAD支持对象链接与嵌入，可以插入Word或Excel表格，但是一方面修改起来不是很方便（一点小小的修改就得进入Word或Excel，修改完成后，又得退回到AutoCAD）；另一方面，一些特殊符号（如一级钢筋符号以及二级钢筋符号等）在Word或Excel中很难输入。经过探索，可以这样解决：先在Excel中制完表格，复制到剪贴板，再在AutoCAD环境下选择Edit菜单中的Paste special，选择作为AutoCAD Entities，单击"确定"以后，表格即转化成AutoCAD实体，用Explode打开，即可编辑其中的线条及方字，非常方便。

Word文档制作中，往往需要各种插图，Word绘图功能有限，特别是复杂的图形，该缺点更加明显，AutoCAD是专业绘图软件，功能强大，很适合绘制比较复杂的图形，用AutoCAD绘制好图形，然后插入Word制作复合文档是解决问题的好办法，可以用AutoCAD提供的EXPORT功能先将AutoCAD图形以BMP或WMF等格式输出，然后插入Word文档；也可以先将AutoCAD图形复制到剪贴板，再在Word文档中粘贴。须注意的是，由于AutoCAD默认背景颜色为黑色，而Word背景颜色为白色，首先应将AutoCAD图形背景颜色改成白色。另外，AutoCAD图形插入Word文档后，往往空边过大，效果不理想。利用Word图片工具栏上的裁剪功能进行修整，空边过大问题即可解决。

AutoCAD提供了一个多义线线宽修改命令PEDIT，来进行多义线线宽的修改（若不是多义线，则该命令将先转化成多义线，再改变其线宽），但是PEDIT操作不方便，每次只能选取1个实体操作，效率低下。AutoCAD R14附赠程序Bonus提供了MPEDIT命令，用于成批修改多义线线宽，非常方便高效。AutoCAD 2000还可给实体指定线宽（LineWeight）属性来修改线宽，只需选择要改变线宽的实体（实体集），改变线宽属性即可，线宽修改更加方便，须注意的是，LineWeight属性线宽在屏幕的显示与否取决于系统变量WDISPLAY，该变量为ON，则在屏幕上显示LineWeight属性线宽，该变量为OFF，则不显示。多义线线宽同LineWeight线宽一样都可控制实体线宽，两者之间的区别是LineWeight线宽是绝对线宽，而多义线线宽是相对线宽。也就是说，无论图形以多大尺寸打印，Line-

Weight线宽都不变，而多义线线宽则随打印尺寸比例大小变化而变化，命令SCALE对LineWeight线宽没什么影响，无论实体被缩放多少倍，LineWeight线宽都不变，而多义线线宽则随缩放比例改变而改变。

由于没有安装打印机或想用别人高档打印机输入AutoCAD图形，需要到别的计算机去打印AutoCAD图形，但是别人的计算机也可能没安装AutoCAD，或者因为各种原因（如AutoCAD图形在别人的计算机上字体显示不正常，通过网络打印时网络打印不正常等），不能利用别人的计算机进行正常打印，这时，可以先在自己的计算机上将AutoCAD图形打印到文件，形成打印机文件，然后在别人的计算机上用DOS的复制命令将打印机文件输出到打印机，方法为：copy＜打印机文件＞prn/b。须注意的是，为了能使用该功能，需先在系统中添加别人的计算机上特定型号打印机，并将它设为默认打印机，另外，不要忘了在最后加/b，表明以二进制形式将打印机文件输出到打印机。

用户可以用鼠标一个一个地选择目标，选择的目标逐个添加到选择集中，另外，AutoCAD还提供了Window(以输入W响应Select object，或直接在屏幕上自右至左拉一个矩形框响应Select object)，Crossing(以输入C响应Select object，或直接在屏幕上自左至右拉一个矩形框响应Select object)，Cpolygon(以输入CP响应Select object)，Wpolygon(以输入WP响应Select object)等多种窗口方式选择目标，其中Window及Crossing用于矩形窗口，而Wpolygon及Cpolygon用于多边形窗口，在Window及Wpolygon方式下，只有当实体的所有部分都被包含在窗口时，实体才被选中，而在Crossing及Cpolygon方式下，只要实体的一部分包括在窗口内，实体就被选择。AutoCAD还提供了Fence方式(以输入F响应Select object)选择实体，画出一条不闭合的折线，所有和该折线相交的实体即被选择。在选择目标时，有时会不小心选中不该选择的目标，这时用户可以输入R来响应Select objects，然后把一些误选的目标从选择集中剔除，输入A后再向选择集中添加目标。当所选择实体和别的实体紧挨在一起时可在按住Ctrl键的同时连续单击鼠标左键，这时紧挨在一起的实体依次高亮度显示，直到所选实体高亮度显示，再按下Enter键（或单击鼠标右键），即选择了该实体。还可以有条件选择实体，即用Filter响应Select objects。AutoCAD 2010提供Quick Select方式选择实体，功能和Filter的类似，但操作更简单方便。AutoCAD提供的选择集的构造方法功能很强，灵活恰当地使用可使制图的效率大大提高。

AutoCAD提供点坐标(ID)、距离(Distance)、面积(Area)的查询，给图形的分析带来了很大方便，但是在实际工作中，有时还须查询实体质量属性特性，AutoCAD提供实体质量属性查询(Mass Properties)，可以方便查询实体的惯性矩、面积矩、实体的质心等。须注意的是，对于曲线、多义线构造的闭合区域，应先用Region命令将闭合区域面域化，再执行质量属性查询，才可查询实体的惯性矩、面积矩、实体的质心等属性。

AutoCAD左手键是使用AutoCAD绘图最为有效、迅速的方法，依据自己爱好设置命令快捷键，使用左手输入命令，可节省大量绘图时间。

AutoCAD 2010 于 2009 年 3 月 23 日发布，最新版本的 AutoCAD 引入了全新功能，其中包括自由形式的设计工具，参数化绘图，并加强 PDF 格式的支持。借助 AutoCAD，可以安全、高效和准确地与客户共享设计数据，可以体验本地 DWG 格式所带来的强大优势。DWG 是业界使用最广泛的设计数据格式之一，用户可以通过它让所有人员随时了解自己最新设计决策。借助支持演示的图形、渲染工具和强大的绘图和三维打印功能，工程设计将会更加出色。

第1章 AutoCAD 建筑制图基础

▶本章要点◀

1. AutoCAD 2010 工作界面(仿宋_GB2312,五号);
2. 绘图环境;
3. 文件管理;
4. 图层使用及对象特性。

AutoCAD 2010 提供了便捷的操作界面,对界面和基本设置的熟悉掌握是绘制图形的最基本条件。

1.1 启动 AutoCAD 软件

AutoCAD 2010 简体中文版的工作界面如图 1.1 所示,主要包括标题栏、菜单栏、文本窗口、功能区、命令行提示区、状态栏、属性栏等部分。和其他应用程序一样,用户可以根据需要安排工作界面,图 1.1 是默认工作界面。

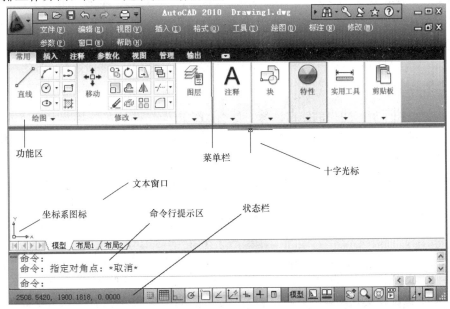

图 1.1 工作界面

1.1.1 工具栏

工具栏按类别包含了不同功能的图标按钮,用户只需单击某个按钮即可执行相应的操作。在工具栏上单击鼠标右键,可以调整工具栏显示的状态。

1.1.2 菜单栏

单击界面上方的菜单,会弹出该菜单对应的下拉菜单,在下拉菜单中几乎包含了AutoCAD所具有的所有的命令及功能选项,单击需要执行操作的相应选项,就会执行该项操作。

1.1.3 状态栏

状态栏位于界面的最下方,显示了当前十字光标在绘图区所处的绝对坐标位置,同时还显示了常用的控制按钮(如捕捉、栅格、正交等),单击一次,按钮按下表示启用该功能,再单击则关闭。

1.1.4 十字光标

十字光标可以作为一个简单的参照,例如你画了一条线,它到底是不是横平竖直的,只要把光标移动过去一比照就看得出来了。调整十字光标的大小,其实对画图的参数没有什么影响。

1.1.5 命令行提示区

命令行提示区位于工作界面的下方,当命令行提示区中显示"命令:"提示的时候,表明软件等待用户输入命令。当软件处于命令执行过程中,命令行提示区中显示各种操作提示。用户在绘图的整个过程中,要密切留意命令行提示区中的提示内容。

1.1.6 文本窗口

文本窗口位于屏幕中央的空白区域,所有的绘图操作都是在该区域中完成的。在绘图的左下角显示了当前坐标系图标,向右方向为 X 轴正方向,向上为 Y 轴正方向。绘图区域没有边界,无论多大的图形都可置于其中。鼠标光标移动到绘图区中,会变为十字光标,执行选择对象的时候,鼠标光标会变成一个方形的拾取框。

1.2 设置绘图环境

1.2.1 设置绘图单位

1. 命令执行方式及功能

下拉菜单:【格式】→【单位】

命令行：DDUNITS

一般地，AutoCAD 2010绘图使用实际尺寸1∶1，然后在打印出图时，设置比例因子，在开始绘图前，需要弄清绘图单位和实际单位之间的关系。例如，可以规定一个线性单位代表一寸、一尺、一米或一千米，另外，也可以规定程序的角度测量方式，对于线性单位和角度单位，都可以设定显示数值精度（如显示小数的位数）。精度设置仅影响距离、角度和坐标的"显示"，AutoCAD 2010总是用浮点精度存储距离、角度和坐标的。

2．选项说明

执行DDUNITS命令后，系统将弹出【图形单位】对话框。对话框的主要内容如图1.2所示。

（1）【长度】。在【长度】选项组中可以设置图形的长度单位类型和精度，各选项的功能如下：【类型】下拉列表框用于设置长度单位的格式类型，可以选择"小数"、"分数"、"工程"、"建筑"和"科学"5个长度单位类型选项。【精度】下拉列表框用于设置长度单位的显示精度，即小数点的位数，最大可以精确到小数点后8位数，默认为小数点后4位数。

图1.2 【图形单位】对话框

（2）【角度】。在【角度】选项组中可以设置角度的类型、精度及正方向，各选项的功能如下：【类型】下拉列表框用于设置角度单位的格式类型，可以选择"十进制度数"、"百分度"、"弧度"、"勘测单位"和"度/分/秒"5个角度单位类型选项。【精度】下拉列表框用于设置角度单位的显示精度，默认值为0。【顺时针】复选框用来指定角度的正方向，选中【顺时针】复选框则以顺时针方向为正方向，不选中此复选框则以逆时针方向为正方向；默认情况下，不选中此复选框。

（3）【插入时的缩放单位】。用于缩放插入内容的单位，单击下拉列表右边的下拉按钮，可以从下拉列表框中选择所拖放图形的单位，如毫米、英寸、码、厘米、米等。

（4）【方向】。单击【方向】按钮，在对话框中可以设置基准角度（B）的方向。在AutoCAD的默认设置中，基准角度方向是指向右（亦即正东）的方向，逆时针方向为角度增加的正方向。

（5）【光源】。【光源】选项组用于设置当前图形中光度控制光源强度的测量单位，下拉列表中提供了"国际"、"美国"和"常规"三种测量单位。

1.2.2 设置绘图界限

1．命令执行方式及功能

下拉菜单：【格式】→【图形界限】

命令行：LIMITS

图形界限是在绘图空间中一个想象的矩形绘图区域，显示为一个可见栅格指示的区域，标明用户的工作区域和图纸边界。设置绘图界限可以避免所绘制的图形超出该边界，在绘图之前一般都要对绘图界限进行设置。

2. 选项说明

在命令行提示区输入 LIMITS 命令或按图 1.3 所示执行【格式】→【图形界限】命令可对绘图界限进行设置。

图 1.3 选择命令

用 LIMITS 命令将绘图界限范围设定为 A4 图纸(297 mm×210 mm)，操作步骤如下：

命令：limits　　　　　　　　　　　　　　　　　　(执行 LIMITS 命令)

重新设置模型空间界限：

指定左下角点或[开(ON)/关(OFF)]<0.0000, 0.0000>：0, 0　(设置绘图区域左下角坐标)

指定右上角点<420.0000, 297.0000>：297, 210　　　(设置绘图区域右上角坐标)

命令：limits　　　　　　　　　　　　　　　　　　(重复执行 LIMITS 命令)

重新设置模型空间界限：

指定左下角点或[开(ON)/关(OFF)]<0.0000, 0.0000>：on　(打开绘图界限检查功能)

确定左下角点后，系统继续提示"指定右上角点<420.0000, 297.0000>："设置绘图区域右上角点。系统默认 A3 图的范围，如果设其他图幅，只要改成相应的图幅尺寸就可以了。国家标准图纸幅面见表 1.1。

表 1.1　国家标准图纸幅面　　　　　　　　　　　　　　　mm

幅面代号	A0	A1	A2	A3	A4
宽×高	1 189×841	841×594	594×420	420×297	297×210

(1)在 AutoCAD 2010 中,总是用真实的尺寸绘图,在打印出图时,再考虑比例尺。另外,用 LIMITS 限定绘图范围,不如用图线画出图框更加直观。

(2)当绘图界限检查功能设置为 ON 时,如果输入或拾取的对象超出绘图界限,则操作将无法进行。

(3)当绘图界限检查功能设置为 OFF 时,绘制图形不受绘图范围的限制。

(4)绘图界限检查功能只限制输入点坐标不能超出绘图边界,而不能限制整个图形。例如圆,当它的定形定位点(圆心和确定半径的点)处于绘图边界内,它的一部分圆弧可能会位于绘图区域之外。

1.3　管理图形文件

1.3.1　创建新文件

1. 命令执行方式及功能

下拉菜单:【文件】→【新建】

命令行:NEW

需要新建一个绘图区域时可以使用此命令,新建时打开的是一个样板框,如果自己想建一个可使用的样板模式,系统也有自带的。因为是样板,所以没法修改名称。

2. 选项说明

执行 NEW 命令后,系统将弹出如图 1.4 所示的对话框。

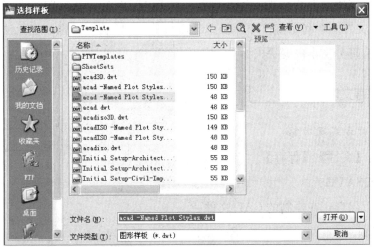

图 1.4　【选择样板】对话框

可以从中选取想使用的样板模式。

1.3.2 打开文件

1. 命令执行方式及功能

下拉菜单：【文件】→【打开】

命令行：OPEN

此命令可以打开保存在电脑上的CAD文件。

2. 选项说明

执行OPEN命令后，系统将弹出如图1.5所示的对话框。

图1.5 【选择文件】对话框

可以从对话框中选取相应的CAD文件，需要说明的是：选取的文件等级低于运行的CAD软件，则文件能顺利完整打开；若高于运行的CAD软件，则可能无法或不能完整打开，也可能会有部分文本内容丢失。

1.3.3 保存文件

1. 命令执行方式及功能

下拉菜单：【文件】→【保存】

命令行：QSAVE

此命令可以保存正在绘制的CAD文件。

2. 选项说明

执行QSAVE命令后，系统将弹出如图1.6所示的对话框。

图 1.6 【图形另存为】对话框

通过图 1.6 的操作可以将 CAD 文件保存到相应的位置。需要更改文件保存路径时，可以选择操作命令【文件】→【另存为】，在完成操作后更改文件保存路径。

1.4　使用图层

1.4.1　创建图层

1. 命令执行方式及功能

下拉菜单：【格式】→【图层状态管理器】→【新建】

命令行：LAS

需要新建图层时可执行此命令，当需要绘制的图形比较复杂时一般都需要多个图层。

2. 选项说明

执行 LAS 命令后，系统将弹出如图 1.7 所示的对话框。

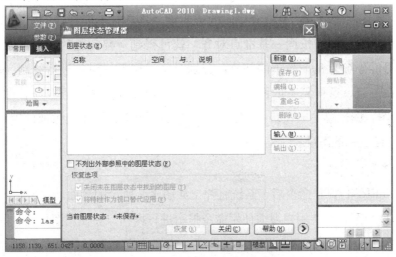

图 1.7 【图层状态管理器】对话框

单击图1.7所示对话框中【新建】按钮,系统将弹出如图1.8所示的对话框,在对话框中即可添加并设置新的图层。

图1.8 设置图层

1.4.2 管理图层

1. 命令执行方式及功能

下拉菜单:【格式】→【图层工具】→选择管理状态

功能区:【常用】选项卡→【图层】面板

工具栏:【图层】工具栏中按钮

命令行:LAYERSTATE

用户可以将图层想象成一叠没有厚度的透明纸,将具有不同特性的对象分别置于不同的图层,然后将这些图层按同一基准点对齐,就可得到一幅完整的图形。通过图层作图,可将复杂的图形分解为几个简单的部分,分别对每一层上的对象进行绘制、修改、编辑,再将它们合在一起,这样复杂的图形绘制起来就变得简单、清晰且容易管理了。实际上,使用CAD绘图,图形总是绘在某一图层上。这个图层可能是由系统生成的默认图层,也可能是由用户自己创建的图层。

2. 选项说明

执行LAYERSTATE命令后,系统将弹出如图1.7所示的界面。

使用CAD绘图,有些用户习惯使用命令提示进行操作。在使用图层时,除了前面介绍的设置方法外,还可以通过命令提示进行设置,或在快捷工具下拉菜单中选择相应的图层操作命令(图1.9)。下面就通过命令提示设置图层的过程做简单介绍:

图 1.9　图层设置界面

(1)图层匹配：可把源对象上的图层特性复制给目标对象，以改变目标对象的特性。在执行该命令后，选择一个要被复制的对象，选择后 AutoCAD 2010 继续提示选择目标对象，此时拾取目标对象，就把源对象上的图层特性复制给目标对象了。

(2)改变至当前图层：在实际绘图中，有时绘制完某一图形后，会发现该图形并没有绘制到预先设置的图层上，此时，执行该命令可以将选中的图形改变到当前图层中。

(3)改层复制：用来将指定的图形一次复制到指定的新图层中。

(4)图层隔离：执行该命令后，选取要隔离图层的对象，该对象所在图层即被隔离。其他图层中的对象被关闭。

(5)取消图层隔离：执行该命令后，打开之前使用 LAYISO 命令隔离的图层。

(6)图层冻结：执行该命令后，可使图层冻结，并使其不可见，不能重生成，也不能打印。

(7)图层关闭：执行该命令后，可使图层关闭。

(8)图层锁定：执行该命令可锁定图层。

(9)图层解锁：执行该命令后，弹出一个【请选择要解锁的层】对话框，此时选定要解锁的层，该图层即被解锁。

(10)打开所有图层：执行该命令后，可将关闭的所有图层全部打开。

(11)解冻所有图层：执行该命令后，可以解冻所有图层。

(12)图层合并：用来将指定的图层合并。

(13)图层删除：用来删除指定的图层。

1.5　设置对象特性

1.5.1　设置颜色

1. 命令执行方式

下拉菜单：【格式】→【颜色】

功能区：【常用】选项卡→【特性】面板→【对象颜色】下拉列表框

工具栏：【特性】工具栏中下拉列表框

命令行：COLOR

执行该命令可为图形设置背景颜色。

2. 选项说明

执行 COLOR 命令后，系统将弹出如图 1.10 所示的界面。

图 1.10 【选择颜色】对话框

如果是按系统默认的浅黄色，对黑色背景绘图区，反差大，比较好。但当把屏幕背景设置成白色后，浅黄色就看不清楚了(反差太小)，这时可将捕捉小方框设成紫色，如果经常要截图到 Word 文档，就要改成反差大的颜色。当然，要在真彩色中去配置也可以，那里有 1 670 万种颜色。

1.5.2 设置线型

1. 命令执行方式及功能

下拉菜单：【格式】→【线型】

功能区：【常用】选项卡→【特性】面板→【线型】下拉列表框

工具栏：【特性】工具栏中下拉列表框

命令行：LINETYPE

执行该命令可指定需要的线型。

2. 选项说明

执行 LINETYPE 命令后，系统将弹出如图 1.11 所示的界面。

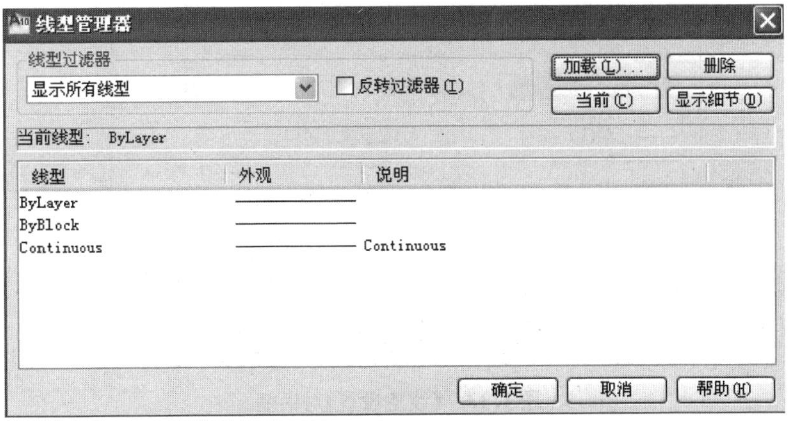

图 1.11 【线型管理器】对话框

如果线型列表框中没有列出需要的线型,则应从线型库中加载。单击"加载"按钮,系统弹出图 1.12 所示的【加载或重载线型】对话框,从中可选择要加载的线型并加载。

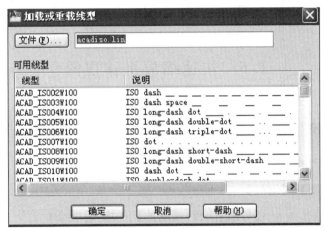

图 1.12 【加载或重载线型】对话框

1.5.3 设置线宽

1. 命令执行方式及功能

下拉菜单:【格式】→【线宽】

功能区:【常用】选项卡→【特性】面板→【线型】下拉列表框

工具栏:【特性】工具栏中下拉列表框

命令行:LWEIGHT

执行该命令可选择需要的线宽。

2. 选项说明

执行 LWEIGHT 命令后,系统将弹出如图 1.13 所示的对话框。

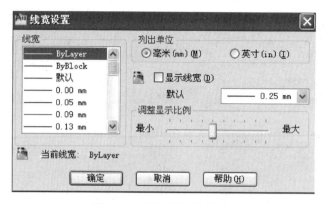

图 1.13 【线宽设置】对话框

【线宽设置】对话框中列出了 AutoCAD 2010 提供的 20 余种线宽,用户可在"随层"、"随块"或某一具体线宽之间选择。其中,"随层"表示绘图线宽始终与图形对象所在图层设置的线宽一致,这也是最常用到的设置。还可以通过此对话框进行其他设置,如单位、显示比例等。

1.6 快速缩放平移视图

1.6.1 缩放视图

1. 命令执行方式及功能

下拉菜单:【视图】→【缩放】

功能区:【视图】选项卡→【导航】面板→【缩放】下拉列表框

工具栏:【标准】工具栏中按钮

命令行:ZOOM

执行该命令可缩放视图。

2. 选项说明

在命令行提示区输入 ZOOM 命令或按图 1.14 所示执行【视图】→【缩放】命令弹出下一级菜单,即可缩放视图。

在绘图过程中,为了方便地进行对象捕捉、局部细节显示,需要使用缩放工具放大或缩小当前视图或放大局部,当绘制完成后,再使用缩放工具缩小图形来观察图形的整体效果。使用 ZOOM 命令并不影响实际对象的尺寸大小。

缩放命令的选项如下:

(1)【放大】:将图形放大一倍。在进行放大时,放大图形的位置取决于目前图形的中心在视图中的位置。

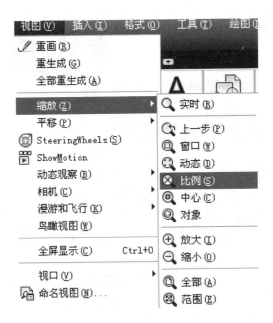

图 1.14 【缩放】菜单

(2)【缩小】：将图形缩小一半。在进行缩小时，图形的位置取决于目前图形的中心在视图中的位置。

(3)【所有】：将视图缩放到图形范围或图形界限两者中较大的区域。

(4)【中心】：可通过该选项重新设置图形的显示中心和放大倍数。

(5)【范围】：使当前窗口中图形最大限度地充满整个屏幕，此时显示效果与图形界限无关。

(6)【窗口】：分别指定矩形窗口的两个对角点，将框选的区域放大显示。

(7)【动态】：可以一次操作中完成缩放和平移。

1.6.2 平移视图

1. 命令执行方式及功能

下拉菜单：【视图】→【平移】

功能区：【视图】选项卡→【导航】面板→【平移】按钮

工具栏：【标准】工具栏中按钮

命令行：PAN

执行该命令可平移视图。

2. 选项说明

在命令行提示区输入 PAN 命令或按图 1.15 所示执行【视图】→【平移】命令弹出下一级菜单，即可平移视图。

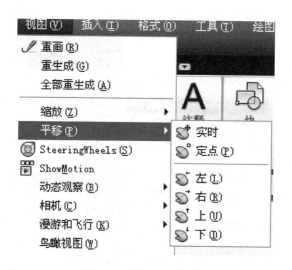

图 1.15 【平移】菜单

【平移】命令用于指定位移来重新定位图形的显示位置。在有限的屏幕大小中，使用 PAN 命令显示屏幕外的图形要比 ZOOM 快很多，操作直观且简便。

执行该命令，实时位移屏幕上的图形。操作过程中，单击鼠标右键显示快捷菜单，可直接切换为缩放、三维动态观察、窗口缩放、缩放为原窗口和范围缩放方式，这种切换方式称为"透明命令"（透明命令指能在其他命令执行过程中执行的命令，透明命令前有一单引号）。

3. 注意事项

按住鼠标中键（滑轮）即可实现平移，不需要按 Esc 键或者 Enter 键退出平移模式。

1.7 获取帮助

命令执行方式及功能如下。

下拉菜单：【帮助】→【帮助】

工具栏：【标准】工具栏中【帮助】按钮

命令行：HELP

执行该命令可以显示帮助信息，也可以直接按 F1 键来打开帮助窗口。

本章小结

本章主要介绍了绘图前的各项准备工作，首先介绍了图形的基本设置，用户可通过向导对图形的长度单位、角度单位、角度的起始位置和正方向以及图形界限等进行设置。

用户也可随时对已有的设置进行修改。通过本章的学习，可以为下一步的绘制和编辑图形做好技术准备。

习　题

1. 试用绝对直角坐标、相对直角坐标、绝对极坐标、相对极坐标作一些简单几何图形。
2. AutoCAD 的坐标体系包括＿＿＿＿＿坐标系和＿＿＿＿＿坐标系。
3. 在"图形单位"对话框中，＿＿＿＿＿区域可用来设置图形的角度单位格。
4. 试做绘图前的各项准备工作，按步进行练习。
5. 试将 CAD 文件保存到桌面，按步进行练习。

第 2 章　AutoCAD 基本制图命令

> **本章要点**
> 1．直线；
> 2．圆和圆弧；
> 3．复制；
> 4．删除及恢复。

AutoCAD 2010 提供了丰富的绘图命令以及强大的图形编辑工具，利用这些命令可以绘制出各种基本图样，对用基本绘图命令绘制出的图形进行编辑和修改，从而绘制各种复杂的图形。本章主要介绍 AutoCAD 2010 中基本的二维绘图命令和二维图形编辑命令，学习使用这些基本的二维制图命令是绘制和编辑图样的基础。

2.1　基本绘图命令

绘图命令是 AutoCAD 软件中最重要的命令之一，任何复杂的图形都可以看做由点、直线、圆弧、圆以及复杂一些的曲线等基本的图形组成。所以，要想正确、快速地绘制出一张工程图样，必须首先熟练掌握 AutoCAD 绘制基本图形的"绘图命令"。

2.1.1　绘制直线

1．命令执行方式及功能

下拉菜单：【绘图】→【直线】

功能区：【视图】选项卡→【绘图】面板→【直线】按钮

工具栏：【绘图】工具栏中【直线】按钮

命令行：LINE

在 AutoCAD 2010 中，绘制直线命令是使用最频繁的命令，也是最基本的命令。LINE 命令用于绘制二维直线段。用户通过鼠标或键盘来决定线段的起点和终点。当从一个点出发作了一条线段后，AutoCAD 2010 允许以上一条线段的终点为起点，另外确定一点为线段的终点，这样一直做下去，除非按 Enter 键、鼠标右键或 Esc 键，才能终止命令。执行 LINE 命令后，用户可以一次画一条线段，也可以连续画多条线段(各线段是彼此独立实体）。直线是由起点和终点来确定的，通过鼠标或键盘来确定起点和终点。当用光标指定线的端点时，光标移动时有一条橡皮筋线从前一点连到光标位置，如图 2.1 所示。

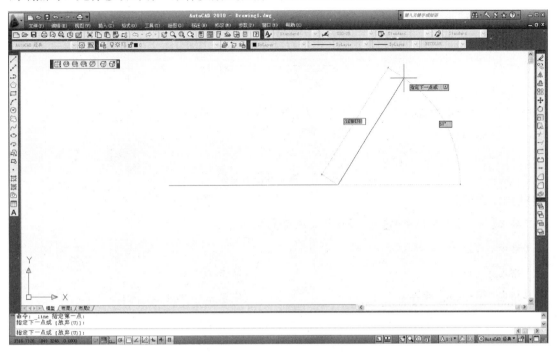

图 2.1　绘直线时的橡皮筋线

橡皮筋有助于用户看清要画的线及其位置。光标移动过程中始终连着橡皮筋，直到选下一点或终止画线命令。

如果要绘一个闭合的图形，在提示符下直接输入 C，将最后确定的一点与最初起点的连线形成闭合的折线；输入 U，则取消上一步操作。

2. 选项说明

执行 LINE 命令后，AutoCAD 2010 会提示输入线的起始点；输入起始点后，系统接着提示"指定下一点或[放弃(U)]："，给定终点，按 Enter 键完成这次命令，或在右键菜单中选择"确认"来完成这次命令。以下就各选项分别加以说明：

(1)【闭合】：如果绘制多条线段，最后要形成一个封闭图形时，应在命令行出现提示，要求"指定下一点"时,键入选项"C"，按 Enter 键或单击鼠标右键确认，则最后一个端点与第一条线段的起点重合形成封闭图形。

(2)【放弃】：撤销刚绘制的线段。在命令行出现提示，要求"指定下一点"时,键入选项"U"，按 Enter 键或单击鼠标右键确认，则最后绘制的线段将被删除。

用直线命令绘制的每一条线段都是一个独立的对象，可单独进行编辑。使用直线命令过程中调用"UNDO"命令，可依次取消前面所绘的线段；如果结束命令后再调用"UNDO"命令，则取消使用直线命令所绘制的全部线段。要以最近绘制的直线的端点为起点绘制新的直线,则再次启动直线命令,在提示指定第一点时,直接按 Enter 键或单击鼠标右键。

[**例 2-1**] 绘制一个任意的五角星,如图 2.2 所示。

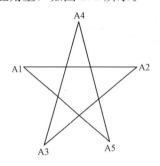

图 2.2 绘制任意五角星

[**操作步骤**]

单击【绘图】工具栏中的【直线】按钮,命令行提示:

命令:line

指定第一点: (单击 A1 点)

指定下一点或[放弃(U)]:   (拖动鼠标单击 A2 点)

指定下一点或[放弃(U)]:   (拖动鼠标单击 A3 点)

指定下一点或[闭合(C)/放弃(U)]:   (拖动鼠标单击 A4 点)

指定下一点或[闭合(C)/放弃(U)]:   (拖动鼠标单击 A5 点)

指定下一点或[闭合(C)/放弃(U)]:C   (输入 C 使图形闭合)

2.1.2 绘制构造线

1. 命令执行方式及功能

下拉菜单:【绘图】→【构造线】

功能区:【常用】选项卡→【绘图】面板→【构造线】按钮

工具栏:【绘图】工具栏中【构造线】按钮

命令行:XLINE

利用 XLINE 命令可创建指定点的双向无限长直线。指定点称为根点,可用中点捕捉拾取该点。向一个或两个方向无限延伸的直线(分别称为射线和构造线)可用作创建其他对象的参照。例如,可以用构造线查找三角形的中心、准备同一个项目的多个视图或创建临时交点用于对象捕捉等。这种线模拟手工绘图中的辅助作图线,它们用特殊的线型显示,在绘图输出时可不作输出;构造线在绘图时经常用于作辅助线。

命令执行过程如下:

命令:xline

指定点或[水平(H)/垂直(V)/角度(A)/二等分(B)/偏移(O)]: (指定点或输入选项)

可以通过指定两点来定义构造线，第一个点为构造线概念上的中点。也可绘制多条构造线，直到按 Enter 键或者单击鼠标右键退出为止。

2. 选项说明

(1)指定点：通过指定两点来绘制构造线。指定一个点后其操作和提示如下：

指定通过点：　　　　　　(用鼠标或键盘指定一个通过点，绘制出一条构造线)

用户可以继续指定通过点来绘制多条构造线，直到按 Enter 键或者单击鼠标右键结束命令。

(2)水平：创建一条通过指定点的水平构造线。

(3)垂直：创建一条通过指定点的垂直构造线。

(4)角度：用于绘制具有指定角度的构造线。选择该项后的操作和提示如下：

输入构造线的角度(0)或[参照(R)]：　　　　(输入一个角度或输入 R 使用"参照"方式)

1)构造线的角度：指定一个角度来确定构造线与 X 轴正向的夹角。指定角度时，正角度按逆时针方向绘制；反之，则按顺时针方向绘制。

2)参照：用于绘制与某条直线呈一定角度的构造线。选择该项后的操作和提示如下：

选择直线对象：　　　　　　　　　(选择用于参照的直线)

输入构造线的角度<0>：　　　　　　(输入要绘制的构造线与参照直线的夹角或按 Enter 键执行默认角度)

指定通过点：　　　　　　　　　　(用鼠标或键盘指定构造线要通过的点，从而绘制出一条构造线)

(5)二等分：创建二等分指定角的构造线，即作一个角的角平分线。

(6)偏移：创建平行于选定对象的参照线。选择该项后的操作和提示如下：

指定偏移距离或[通过(T)]<通过>：　　(输入偏移距离或输入 T 使用"通过"选项)

1)指定偏移距离：指定构造线与选定对象的偏移距离。选择该项后的操作和提示如下：

选择直线对象：　　　　　　　　　(选择用于参照的直线)

指定向哪侧偏移：　　　　　　　　(用键盘或鼠标在要偏移的一方指定一点，从而偏移出一条构造线)

用户可以继续选择要偏移的对象并进行偏移操作，直到按 Enter 键或单击鼠标右键结束命令。

2)通过：创建从一条直线偏移并过指定点的构造线。选择该项后的操作和提示如下：

选择直线对象：　　　　　　　　　(选择用于参照的直线)

指定通过点：　　　　　　　　　　(指定一个通过点，从而绘制通过该点的构造线)

用户可继续对选择参照的直线进行偏移操作，直到按 Enter 或单击鼠标右键结束命令。

3. 注意事项

(1)构造线通常作为绘图的辅助线,因此,最好将构造线放置在一个单独的图层,在绘图输出时将其关闭或冻结,以控制其不进行打印。

(2)构造线可使用修剪命令使其变成线段。

(3)射线命令的使用与此命令类似,用户可以参照操作。

[**例 2-2**] 作三角形 ABC 两个内角∠B、∠C 的角平分线,如图 2.3 所示。

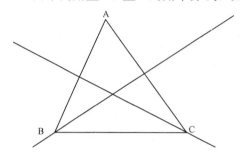

图 2.3 三角形角平分线

[**操作步骤**]

命令:xline	(执行命令)
指定点或[水平(H)/垂直(V)/角度(A)/二等分(B)/偏移(O)]:b	
	(选二等分)
指定角的顶点:	(捕捉单击 B 点)
指定角的起点:	(捕捉单击 C 点)
指定角的端点:	(捕捉单击 A 点)
指定角的端点:	(已经完成∠B 的平分线,按 Enter 键结束命令)
命令:xline	(重复执行命令)
指定点或[水平(H)/垂直(V)/角度(A)/二等分(B)/偏移(O)]:b	
	(选二等分)
指定角的顶点:	(捕捉单击 C 点)
指定角的起点:	(捕捉单击 B 点)
指定角的端点:	(捕捉单击 A 点)
指定角的端点:	(已经完成∠C 的平分线,按 Enter 键结束命令)

2.1.3 绘制多段线

1. 命令执行方式及功能

下拉菜单:【绘图】→【多段线】

功能区:【常用】选项卡→【绘图】面板→【多段线】按钮

工具栏：【绘图】工具栏中【多段线】按钮↪

命令行：PLINE

多段线是由许多段首尾相连的直线段或圆弧段组成的一个独立对象，它可以提供单个直线所不具备的编辑功能。例如，它可以调整多段线的线宽和圆弧的曲率。多段线命令可以绘制直线段、折线段、闭合的多边形、圆弧段、起点和终点等宽度或不等宽的直线段或圆弧段。一次命令所绘制出的多个对象为一个实体。

命令执行过程如下：

命令：pline   (执行命令)

指定起点：   (指定多段线的起点)

当前线宽为 0.0000   (显示当前线宽)

指定下一个点或[圆弧(A)/半宽(H)/长度(L)/放弃(U)/宽度(W)]：

(指定多段线的下一点)

指定下一个点或[圆弧(A)/闭合(C)/半宽(H)/长度(L)/放弃(U)/宽度(W)]：

(指定多段线的下一点或选择相应选项)

2. 选项说明

(1)圆弧：转换为画圆弧提示。

(2)闭合：从当前点画直线段到起点，画成闭合多边形，结束命令。

(3)半宽：设置多段线的半宽度，即多段线的宽度为输入值的两倍。

(4)长度：沿着上一段直线方向或圆弧的切线方向绘制指定长度的多段线。

(5)放弃：删除刚刚绘制的多段线，用于修改多段线绘制中出现的错误。

(6)宽度：设置多段线的宽度，可以输入不同的起始宽度和终止宽度。

[例 2-3]　绘制如图 2.4 所示的图形。

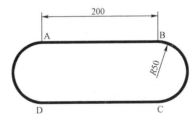

图 2.4　跑道

[操作步骤]

命令：pline

指定起点：   (单击 A 点)

当前线宽为 0.0000：

指定下一个点或[圆弧(A)/半宽(H)/长度(L)/放弃(U)/宽度(W)]：200

(鼠标向右移动)

指定下一个点或[圆弧(A)/半宽(H)/长度(L)/放弃(U)/宽度(W)]：a

             (转换为绘制圆弧状态)

指定圆弧的端点或[角度(A)/圆心(CE)/闭合(CL)/方向(D)/半宽(H)/直线(L)/半径(R)/第二个点(S)/放弃(U)/宽度(W)]：100 (鼠标向下移动)

指定圆弧的端点或[角度(A)/圆心(CE)/闭合(CL)/方向(D)/半宽(H)/直线(L)/半径(R)/第二个点(S)/放弃(U)/宽度(W)]：l (转换为绘直线)

指定下一个点或[圆弧(A)/闭合(C)/半宽(H)/长度(L)/放弃(U)/宽度(W)]：200

             (鼠标向左移动)

指定下一个点或[圆弧(A)/闭合(C)/半宽(H)/长度(L)/放弃(U)/宽度(W)]：a

             (转换为绘圆弧)

指定圆弧的端点或[角度(A)/圆心(CE)/闭合(CL)/方向(D)/半宽(H)/直线(L)/半径(R)/第二个点(S)/放弃(U)/宽度(W)]：cl (使图形闭合)

2.1.4 绘制正多边形

1. 命令执行方式及功能

下拉菜单：【绘图】→【正多边形】

功能区：【常用】选项卡→【绘图】面板→【正多边形】按钮⬠

工具栏：【绘图】工具栏中【正多边形】按钮⬠

命令行：POLYGON

使用正多边形命令可以快速创建矩形和规则多边形。创建多边形是绘制等边三角形、正方形、五边形、六边形等的简单方法。边数为3~1 024，初始线宽为0，可以用编辑多段线命令修改线宽。

命令执行过程如下：

命令：polygon   (调用命令)

输入边的数目<4>：   (指定正多边形的边数或按Enter键使用默认边数4)

指定正多边形的中心点或[边(E)]： (选择绘制方式是中心法还是边方法，如果是中心法则直接指定中心)

输入选项[内接于圆(I)/外切于圆(C)]<I>：(选择是内接于圆法还是外切于圆法)

指定圆的半径：   (确定外接圆或内切圆的半径)

2. 选项说明

(1)指定正多边形的中心点：默认选项，当用户在提示下指定了一点，这点即作为假想圆的圆心。

(2)内接于圆：用多边形的外接圆的圆心来确定多边形的位置，用半径确定其大小，如

图 2.5(a)所示。

(3)外切于圆：用多边形的内切圆的圆心来确定多边形的位置，用半径确定其大小，如图 2.5(b)所示。

(4)边：用于指定多边形任意一条边上的起点 1、端点 2。AutoCAD 2010 按逆时针方向创建正多边形，如图 2.5(c)所示。

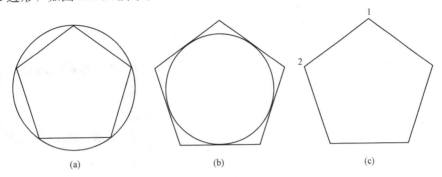

图 2.5　正多边形的三种绘制方法

(a)内接于圆；(b)外切于圆；(c)指定起、端点

3. 注意事项

(1)使用正多边形命令绘制的正多边形是一个整体。

(2)利用边长绘制出正多边形时，用户确定的两个点之间的距离即为多边形的边长。

(3)绘制同心多边形时往往用内接圆或外切圆法，更方便有效。

2.1.5　绘制矩形

1. 命令执行方式及功能

下拉菜单：【绘图】→【矩形】

功能区：【常用】选项卡→【绘图】面板→【矩形】按钮▭

工具栏：【绘图】工具栏中【矩形】按钮▭

命令行：RECTANG

矩形命令是 AutoCAD 2010 中最基本的平面绘图命令。矩形是一个独立的对象。绘制的矩形可以设置倒角、圆角、标高、厚度和宽度。在默认情况下，可以通过指定矩形的两个对角点的方法来创建矩形。

命令执行过程如下：

命令：rectang

指定第一个角点或[倒角(C)/标高(E)/圆角(F)/厚度(T)/宽度(W)]：

(确定矩形的第一个角点)

指定另一个角点或[面积(A)/尺寸(D)/旋转(R)]：

(确定矩形的第二个角点)

2. 选项说明

(1)倒角:用于指定倒角距离,绘制带有倒角的矩形,如图 2.6(a)所示。

(2)标高:用于指定矩形标高(Z 轴坐标),即把矩形画在标高为 Z、与 XOY 坐标面平行的平面上,并作为后续矩形的标高值。

(3)圆角:用于指定圆角的半径,绘制带圆角的矩形,如图 2.6(b)所示。

(4)厚度:用于指定矩形的厚度。

(5)宽度:定义矩形线段的宽度,如图 2.6(c)所示。

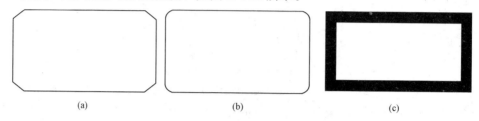

图 2.6 创建矩形

(a)带倒角的矩形;(b)带圆角的矩形;(c)带线宽的矩形

(6)面积:使用面积与长度或宽度创建矩形。如果"倒角"或"圆角"选项被激活,则面积将包括倒角或圆角在矩形角点上产生的效果。

(7)尺寸:使用长和宽创建矩形。

(8)旋转:按指定的旋转角度创建矩形。

[例 2-4] 绘制如图 2.7 所示一个圆角半径为 20 mm,与 X 轴呈 30°,大小为 200 mm× 150 mm 的矩形。

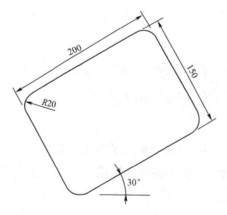

图 2.7 绘制旋转的圆角矩形

[操作步骤]

命令:rectang

指定第一个角点或[倒角(C)/标高(E)/圆角(F)/厚度(T)/宽度(W)]:f

(创建带圆角的矩形)

指定矩形的圆角半径<0.0000>：20　　　　　　　(输入圆角半径20)

指定第一个角点或[倒角(C)/标高(E)/圆角(F)/厚度(T)/宽度(W)]：

(指定矩形第一个角点)

指定另一个角点或[面积(A)/尺寸(D)/旋转(R)]：r　　(创建与X轴呈一定角度的矩形)

指定旋转角度或[拾取点(P)]<0>：30　　　　　(指定矩形的旋转角度)

指定另一个角点或[面积(A)/尺寸(D)/旋转(R)]：d　(选择按指定矩形的长、宽方式绘制矩形)

指定矩形的长度<10.0000>：200　　　　　　　(指定矩形的长度)

指定矩形的宽度<10.0000>：150　　　　　　　(指定矩形的宽度)

指定另一个角点或[面积(A)/尺寸(D)/旋转(R)]：　(指定矩形的第二个角点)

2.1.6　绘制圆弧

1. 命令执行方式及功能

下拉菜单：【绘图】→【圆弧】

功能区：【常用】选项卡→【绘图】面板→【圆弧】按钮

工具栏：【绘图】工具栏中【圆弧】按钮

命令行：ARC

利用圆弧命令可经过给定的三个点绘制圆弧。

命令执行过程如下：

命令：arc　　　　　　　　　　　　　　　　(执行命令)

指定圆弧的起点或[圆心(C)]：　　　　　　　(单击确定圆弧起点)

指定圆弧的第二点或[圆心(C)/端点(E)]　　　(单击圆弧经过的第二点)

指定圆弧的端点：　　　　　　　　　　　　(单击确定圆弧端点)

2. 选项说明

(1)【三点】：分别指定圆弧的起点、第二点和圆弧的终点来绘制圆弧，如图2.8(a)所示。

(2)【起点、圆心、端点】：分别指定圆弧的起点、圆心和终点来绘制圆弧，如图2.8(b)所示。

(3)【起点、圆心、角度】：分别指定圆弧的起点、圆心和圆弧所对应的圆心角来绘制圆弧，如图2.8(c)所示。

(4)【起点、圆心、长度】：分别指定圆弧的起点、圆心和弦长来绘制圆弧，如图2.8(d)所示。

(5)【起点、端点、角度】：分别指定圆弧的起点、终点和圆弧所对应的圆心角来绘制圆弧，如图2.8(e)所示。

(6)【起点、端点、方向】：分别指定圆弧的起点、终点和圆弧起点处的切线方向来绘制圆弧，如图2.8(f)所示。

(7)【起点、端点、半径】：分别指定圆弧的起点、终点和半径来绘制圆弧，如图2.8(g)所示。

(8)【圆心、起点、端点】：分别指定圆弧的圆心、起点和终点来绘制圆弧，如图2.8(h)所示。

(9)【圆心、起点、角度】：分别指定圆弧的圆心、起点和圆弧所对应的圆心角来绘制圆弧，如图2.8(i)所示。

(10)【圆心、起点、长度】：分别指定圆弧的圆心、起点和弦长来绘制圆弧，如图2.8(j)所示。

(11)【连续】：选择该项，系统将以最后一次绘制的线段或圆弧的端点作为将要绘制的圆弧的起点，开始绘制圆弧。

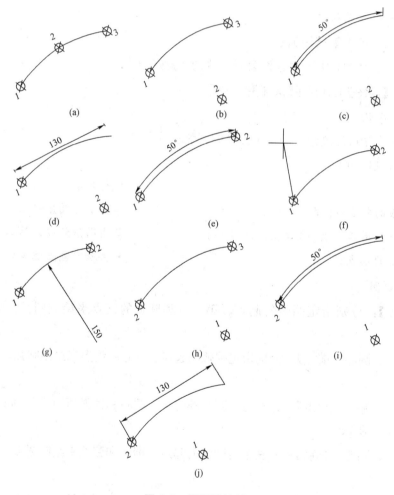

图2.8　圆弧的绘制

3. 注意事项

(1)系统默认绘制圆弧的方向为逆时针方向。当用户在指定圆弧角度时，若输入弧度值为正，则按逆时针方向绘制圆弧；反之，则按顺时针方向绘制圆弧。

(2)绘制圆弧时，如果指定的弦长为正值，则将从起点逆时针绘制劣弧(即小于180°的圆弧)；如果指定的弦长为负值，则将按顺时针方向绘制优弧(大于180°的圆弧)。

(3)绘制圆弧时，如果指定的半径为正值，则将从起点按逆时针方向绘制劣弧；如果指定的半径为负值，则将按顺时针方向绘制优弧。

[例2-5] 在已知正方形中作花瓣图形，如图2.9所示。

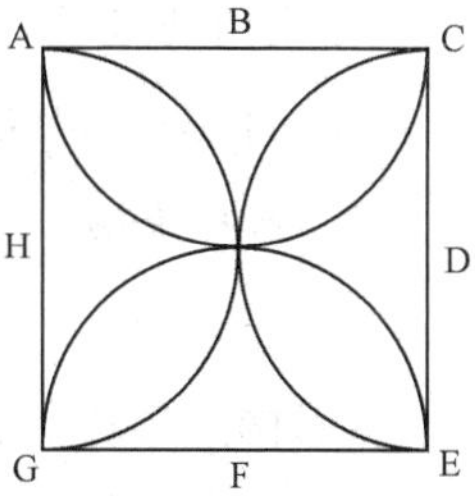

[操作步骤]

单击[绘图]菜单，选择[圆弧]，选择[起点、圆心、端点]选项。

命令：arc

指定圆弧的起点或[圆心(C)]：   (单击正方形端点A点)

指定圆弧的第二个点或[圆心(C)/端点(E)]：c

指定圆弧的圆心：   (单击正方形一边中点B点)

指定圆弧的端点或[角度(A)/弦长(L)]：   (单击正方形端点C点)

图2.9 绘制圆弧

命令：arc

指定圆弧的起点或[圆心(C)]：   (单击正方形端点C点)

指定圆弧的第二个点或[圆心(C)/端点(E)]：c

指定圆弧的圆心：   (单击正方形一边中点D点)

指定圆弧的端点或[角度(A)/弦长(L)]：   (单击正方形端点E点)

命令：arc

指定圆弧的起点或[圆心(C)]：   (单击正方形端点E点)

指定圆弧的第二个点或[圆心(C)/端点(E)]：c

指定圆弧的圆心：   (单击正方形一边中点F点)

指定圆弧的端点或[角度(A)/弦长(L)]：   (单击正方形端点G点)

命令：arc

指定圆弧的起点或[圆心(C)]：   (单击正方形端点G点)

指定圆弧的第二个点或[圆心(C)/端点(E)]：c

指定圆弧的圆心：   (单击正方形一边中点H点)

指定圆弧的端点或[角度(A)/弦长(L)]：   (单击正方形端点A点)

2.1.7 绘制圆

1. 命令执行方式及功能

下拉菜单：【绘图】→【圆】

功能区：【常用】选项卡→【绘图】面板→【圆】按钮

工具栏：【绘图】工具栏中【圆】按钮

命令行：CIRCLE

命令执行过程如下：

命令：circle

指定圆的圆心或[三点(3P)/两点(2P)/切点、切点、半径(T)]：

指定圆的半径或[直径(D)]：　　　　　(直接输入半径数值或用鼠标指定半径长度)

指定圆的直径<默认值>：　　　　　　(输入直径数值或用鼠标指定直径长度)

执行该命令可绘制圆。

2. 选项说明

(1)三点(3P)：用指定圆周上3点的方法画圆。

(2)两点(2P)：指定直径的两端点画圆。

(3)切点、切点、半径(T)：按先指定两个相切对象，后给出半径的方法画圆。

单击下拉菜单中【绘图】→【圆】命令后，出现如图2.10所示的子菜单，子菜单中多了一种"相切、相切、相切"的方法，当选择此方式时系统提示：

指定圆上的第一个点：_tdn 到　　　　(指定相切的第一个圆弧)

指定圆上的第二个点：_tan 到　　　　(指定相切的第二个圆弧)

指定圆上的第三个点：_tdn 到　　　　(指定相切的第三个圆弧)

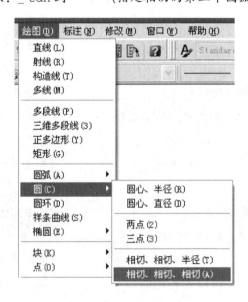

图2.10　绘图菜单

[例2-6]　在图2.11(a)所示的小车和地面之间画两个车轮。

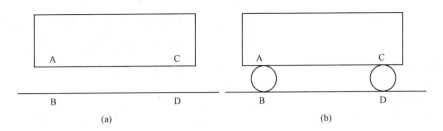

图 2.11 画图命令应用

(a)作图前；(b)作图结果

[操作步骤]

打开正交开关，设置自动对象捕捉最近点和垂点。

命令：circle

指定圆的圆心或[三点(3P)/两点(2P)/切点、切点、半径(T)]：2p

              (选择两点法绘制)

指定圆直径的第一个端点：   (鼠标单击 A 点)

指定圆直径的第二个端点：   (拖动鼠标捕捉 B 点)

命令：circle   (按 Enter 键，再次执行绘圆命令)

指定圆的圆心或[三点(3P)/两点(2P)/相切、相切、半径(T)]：2p

              (选择两点法绘制)

指定圆直径的第一个端点：   (鼠标单击 C 点)

指定圆直径的第二个端点：   (拖动鼠标捕捉 D 点)

命令结束，作图结果如图 2.11(b)所示。

2.1.8 绘制样条曲线

1. 命令执行方式及功能

下拉菜单：【绘图】→【样条曲线】

功能区：【常用】选项卡→【绘图】面板→【样条曲线】按钮 ∿

工具栏：【绘图】工具栏中【样条曲线】按钮 ∿

命令行：SPLINE

通过一系列指定点，可以创建在一定误差范围内的光滑曲线。样条曲线命令可以创建样条曲线，还可以把由 pedit 命令创造的样条曲线拟合多段线转化为样条曲线。

命令执行过程如下：

命令：spline

指定第一个点或[对象(O)]： (指定曲线起点或选择"对象(O)"选项)

指定下一点：   (指定曲线第二点)

指定下一点或[闭合(C)/拟合公差(F)]<起点切向>：

(继续指定曲线控制点或按 Enter 键结束控制点输入)

指定起点切向：　　　　　　　　(确定样条曲线起点的切线方向)

指定端点切向：　　　　　　　　(确定样条曲线终点的切线方向)

2. 选项说明

(1)对象：将二维或三维的二次或三次样条曲线拟合多段线转换为等效的样条曲线,然后删除该多段线(根据 DELOBJ 系统变量的设置)。

(2)闭合：将最后一点定义为与第一点一致,并使它在连接处相切,这样可以闭合样条曲线。选择该项,系统继续提示：

指定切向：　　　　　　　　　　(指定点或按 Enter 键)

用户可以指定一点来定义切向矢量,或者使用"切点"和"垂足"对象捕捉模式使样条曲线与现有对象相切或垂直。

(3)拟合公差：修改当前样条曲线的拟合公差,根据新公差以现有点重新定义样条曲线。公差表示样条曲线拟合所指定的拟合点集时的拟合精度。公差越小,样条曲线与拟合点越接近。公差为 0,样条曲线将通过该点。输入大于 0 的公差,将使样条曲线在指定的公差范围内通过拟合点。在绘制样条曲线时,可以改变样条曲线拟合公差以查看效果。

(4)起点切向：定义样条曲线的第一点和最后一点的切向。如果在样条曲线的两端都指定切向,可以输入一个点或者使用"切点"和"垂足"对象捕捉模式使样条曲线与已有的对象相切或垂直。如果按 Enter 键,AutoCAD 2010 将计算默认切向。

3. 注意事项

(1)样条曲线的起点切线方向与终点切线方向的确定影响整个曲线形状。

(2)用样条曲线命令创建的 NURBS 样条曲线为三次样条曲线。

(3)调用【工具】菜单中的【选项板】命令,打开"特性"选项板,然后选择转化后的样条曲线,可以查看转化后的样条曲线是 2 阶还是 3 阶。

[例 2-7] 用样条曲线命令绘制正弦曲线,如图 2.12 所示。

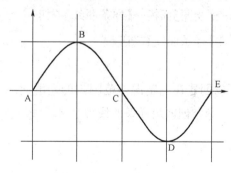

图 2.12　正弦曲线

[操作步骤]

命令：spline

指定第一个点或[对象(O)]: (单击 A 点)
指定下一点: (单击 B 点)
指定下一点或[闭合(C)/拟合公差(F)]<起点切向>: (单击 C 点)
指定下一点或[闭合(C)/拟合公差(F)]<起点切向>: (单击 D 点)
指定下一点或[闭合(C)/拟合公差(F)]<起点切向>: (单击 E 点)
指定下一点或[闭合(C)/拟合公差(F)]<起点切向>: (按 Enter 键结束输入点)
指定起点切向: (确定起点切线方向)
指定端点切向: (确定终点切线方向)

2.1.9 绘制椭圆

1. 命令执行方式及功能

下拉菜单:【绘图】→【椭圆】
功能区:【常用】选项卡→【绘图】面板→【椭圆】按钮
工具栏:【绘图】工具栏中【椭圆】按钮
命令行: ELLIPSE

绘制椭圆的默认方法是指定第一个轴的端点和距离,此距离是第二个轴长度的一半。在椭圆中,较长的轴称为长轴,较短的轴称为短轴。长轴和短轴与定义轴的次序无关。

命令执行过程如下:

命令: ellipse
指定椭圆的轴端点或[圆弧(A)/中心点(C)]: (给定椭圆的第一个端点)
指定轴的另一个端点: (给定椭圆的同一轴上的第二个端点)
指定另一条半轴长度或[旋转(R)]: (给定椭圆另一条轴上的一个端点)

2. 选项说明

(1)圆弧(A):该选项用于绘制椭圆弧。
(2)中心点(C):该选项以指定圆心的方式来绘制椭圆弧。
(3)旋转(R):该选项通过椭圆的短轴和长轴的比值把一个圆绕定义的轴旋转成椭圆。

[例 2-8] 用椭圆命令绘制一个长轴(与 X 轴平行)为 80、短轴为 50 的椭圆。如图 2.13 所示。

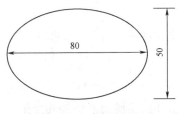

图 2.13 绘制椭圆

[操作步骤]

命令：ellipse

指定椭圆的轴端点或[圆弧(A)/中心点(C)]：　　　　（单击确定第一点）

指定轴的另一个端点：80　　　　　　　　　　　　　（鼠标向右拖动）

指定另一条半轴长度或[旋转(R)]：25　　　　　　　（鼠标向上拖动）

结束命令，作图结果如图 2.13 所示。

2.1.10　绘制椭圆弧

1. 命令执行方式及功能

下拉菜单：【绘图】→【椭圆】→【圆弧】

功能区：【常用】选项卡→【绘图】面板→【椭圆弧】按钮

工具栏：【绘图】工具栏中【椭圆弧】按钮

命令行：ELLIPSE

椭圆弧和椭圆的绘图命令虽然都是 ELLIPSE 命令，但命令行的提示不同。命令执行过程如下：

命令：ellipse

指定椭圆的轴端点或[圆弧(A)/中心点(C)]：a　　　　（输入 a 选择绘制椭圆弧）

指定椭圆弧的轴端点或[中心点(C)]：　　　　　　　（选择采用何种方式绘制圆弧）

指定轴的另一个端点：　　　　　　　　　　　　　　（确定另一端点）

指定另一条半轴长度或[旋转(R)]：　　　　　　　　（确定椭圆弧另一半轴的长度）

指定起始角度或[参数(P)]：　　　　　　　　　　　（确定椭圆弧的起始角度）

指定终止角度或[参数(P)/包含角度(I)]：　　　　　（确定椭圆弧的终点位置）

2. 选项说明

(1)圆弧：用于指定绘制椭圆弧。

(2)中心点：指定以椭圆的中心点、第一条轴的端点、第二条轴的长度的方式绘制椭圆弧。

(3)旋转：用于当椭圆弧的一条轴确定后，另一条轴的长度以旋转后投影的长度来确定。

(4)参数：选择该项，需要同样的输入作为"起始角度"，但通过以下矢量参数方程式创建椭圆弧：

$$P(u)=c+a\times\cos(u)+b\times\sin(u)$$

其中，c 是椭圆的中心点，a 和 b 分别是椭圆的长轴和短轴。

(5)包含角度：通过指定从椭圆弧的起点到椭圆弧终点所包含的角度来绘制椭圆弧。

3. 注意事项

绘制的椭圆弧总是按逆时针方向绘制的。AutoCAD 2010 把椭圆第一条轴的起点作为绘制椭圆弧时所有角度的测量基准点,并按逆时针方向进行绘制。

[**例 2-9**]   绘制椭圆弧图形如图 2.14 所示。

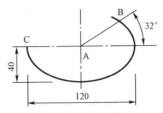

图 2.14   绘制椭圆弧

[操作步骤]

命令: ellipse	
指定椭圆的轴端点或[圆弧(A)/中心点(C)]: a	(选择绘制椭圆弧)
指定椭圆弧的轴端点或[中心点(C)]: c	(选择中心点绘制方法)
指定椭圆弧的中心点:	(鼠标单击 A 点)
指定轴的端点: @ 60<0	(确定椭圆弧的端点 C)
指定另一条半轴长度或[旋转(R)]: 40	(确定另一个端点)
指定起始角度或[参数(P)]: 180	(确定画椭圆弧开始位置)
指定终止角度或[参数(P)/包含角度(I)]: 32	(确定终止角度为 32°)

2.1.11   绘制点

1. 命令执行方式及功能

下拉菜单:【绘图】→【点】→【单点】或【多点】

功能区:【常用】选项卡→【绘图】面板→【多点】按钮

工具栏:【绘图】工具栏中【点】按钮

命令行: POINT

点是精确绘图的辅助对象,可作为对象捕捉和相对偏移的节点。图形绘制完成后,再将这些点删除,或者冻结这些对象所在的图层。根据绘图的要求,用户可以在屏幕上直接拾取或通过对象捕捉以确定特殊的点,也可以使用键盘输入该点的坐标。

命令执行过程如下:

命令: point

当前点模式: PDMODE= 0   PDSIZE= 0.0000

指定点: (用键盘、鼠标或捕捉等方式输入点)

2. 注意事项

如果所绘制的点在屏幕上显示得不清晰,可以选择【格式】菜单中【点样式】命令,或在命令行中输入命令 ddptype，打开【点样式】对话框，如图 2.15 所示。从中选择一个点样式，即可清楚地看见所绘制的点。

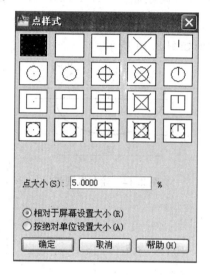

图 2.15 【点样式】对话框

3. 定数等分

定数等分命令的功能是以相等的长度设置点或图块的位置，被等分的对象可以是线段、圆、圆弧以及多段线等实体。启动定数等分命令有以下几种方法：

下拉菜单：【绘图】→【点】→【定数等分】

功能区：【常用】选项卡→【绘图】面板→【定数等分】按钮

命令行：DIVIDE

执行定数等分命令后，命令行提示如下：

选择要定数等分的对象： (选择要等分的对象，等分数范围为 2～32767)

输入线段数目或[块(B)]： (输入线段的等分段数)

4. 定距等分

定距等分命令用于在选择的实体上按给定的距离放置点或图块。启动定距等分命令有以下几种方法：

下拉菜单：【绘图】→【点】→【定距等分】

功能区：【常用】选项卡→【绘图】面板→【定距等分】按钮

命令行：MEASURE

执行定距等分命令后，命令行提示如下：

选择要定距等分的对象： (选择要定距等分的对象)

指定线段长度或[块(B)]： (输入线段长度)

[例 2-10] 将直线段 AB 七等分(图 2.16)。

图 2.16 定数等分直线段

[操作步骤]

命令：divide

选择要定数等分的对象：　　　　　　　（单击要等分的直线段 AB）

输入线段数目或[块(B)]：7　　　　　　（输入 7）

[例 2-11] 将直线 AB 以每段 100 进行等分(图 2.17)。

图 2.17 定距等分直线段

[操作步骤]

命令：measure

选择要定距等分的对象：　　　　　　　（单击要等分的直线段 AB）

指定线段长度或[块(B)]：100　　　　　（输入等分距离 100）

2.1.12 绘制多线

1. 命令执行方式及功能

下拉菜单：【绘图】→【多线】

工具栏：【绘图】工具栏中的【多线】按钮

命令行：MLINE

多线是由多条平行的直线段组成的一个整体对象。这些直线段的线型可以相同也可以不同。多线常用于绘制电子线路、建筑上的墙线和道路等。多线由 1～16 条平行线组成，这些平行线称为元素。绘制多线时，可以使用包含两个元素的 STANDARD 默认样式，也可以指定一个以前创建的样式。开始绘制前，可以设置多线的对正和比例。

2. 设置多线样式

绘制多线前，要先设置多线样式，再用所设置的样式绘制多线。

下拉菜单：【格式】→【多线样式】

命令行：MLSTYLE

(1)执行上述操作后，程序将弹出【多线样式】对话框，如图 2.18 所示。

1)【样式】：显示当前系统所有加载的多线样式。

2)【说明】：显示当前选定的多线样式的说明。

3)【预览】：显示当前选定的多线样式的名称和图像。

图 2.18 【多线样式】对话框

4)【置为当前】：将【样式】列表框中选定的多线样式置为当前。

5)【新建】：单击该按钮将弹出【创建新的多线样式】对话框，以创建新的多线样式。

6)【修改】：单击该按钮将弹出【修改多线样式】对话框，在这里可以修改选定的多线样式。

7)【重命名】：重新命名当前选定的多线样式。

8)【保存】：将多线样式保存或复制到多线库（扩展名为 MLN）文件。

9)【删除】：从【样式】列表中删除当前选出的多线样式。

10)【加载】：显示【加载多线样式】对话框，用户可以从指定的 MLN 文件加载多线样式。

(2)单击【新建】按钮，在弹出的【创建新的多线样式】对话框（图 2.19）中，输入多线样式的名称并绘制多线样式。单击【继续】按钮继续操作。

图 2.19 【创建多线样式】对话框

(3)在【新建多线样式】对话框（图 2.20）中，选择多线样式的参数。

(4)单击【确定】按钮。

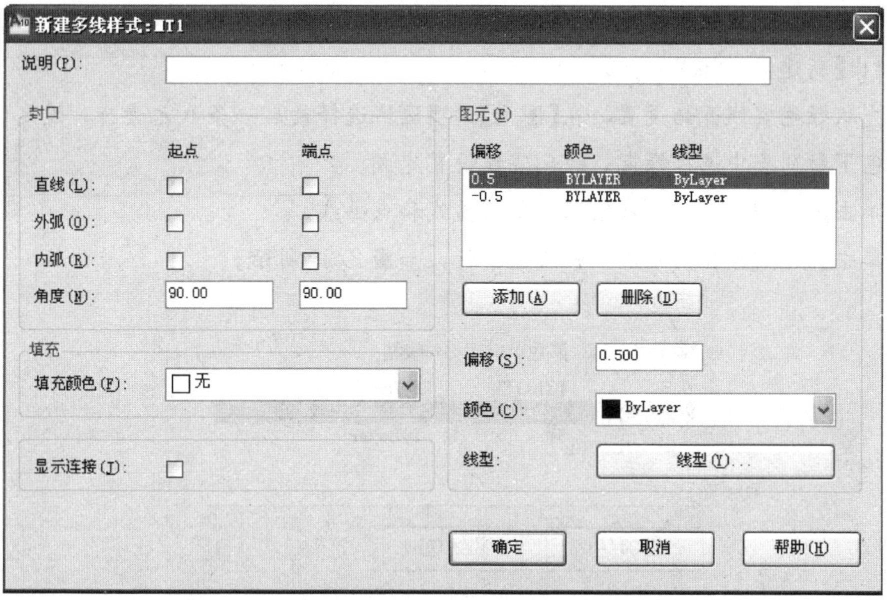

图 2.20 【新建多线样式：MT1】对话框

(5)在【多线样式】对话框中，单击【保存】按钮，将多线样式保存到文件中。

3. 绘制多线

(1)命令执行过程。

命令：mline

当前设置：对正= 上，比例= 20.00，样式= STANDARD　　　　(显示当前多线模式)

指定起点或[对正(J)/比例(S)/样式(ST)]：　　　(指定多线的起点或选择其他项)

指定下一点：　　　　　　　　　　　　　　　　　　　(指定多线的下一点)

指定下一点或[放弃(U)]：　　　　　　　　　　　　　(指定多线的下一点)

指定下一点或[闭合(C)/放弃(U)]：　　　　　　　　　(按 Enter 键结束命令)

(2)选项说明。

1)对正：该项用于给定绘制多线的基准，共有 3 种对正类型："上(T)"、"无(Z)"和"下(B)"。其中，"上(T)"表示以多线上侧的线为基准，其他依此类推。

2)比例：选择该项，则要求用户设置平行线的间距。输入值为零时平行线重合，值为负时多线的排列倒置。

3)样式：该项用于设置当前使用的多线样式。

[例 2-12]　按要求进行多线设置并绘制多线。设置要求：三条多线从上到下依次为红虚线(Dashed)、黄色点画线(Center)、绿色实线(ByLayer)，间距分别为 6 和 12。

[操作步骤]

(1)执行【格式】→【多线样式】命令，弹出【多线样式】对话框。

(2)单击"新建"按钮,弹出【创建多线样式】对话框,输入新样式名 ML-1。单击【继续】按钮,弹出【新建多线样式】对话框。

(3)先从绿色实线开始设置,在【图元】选项区域选择最后一条线元素行,设定偏移值为0,在颜色下拉列表中选择绿色,绿色实线设置完成。

(4)单击【线型】按钮,加载绘图需要的虚线和点画线。

(5)单击【添加】按钮,添加一条线元素行,如图 2.21 所示。

图 2.21 线元素行

(6)按照同样的方法将第 2 条线元素设置为黄色点画线,偏移值为 1.2;将第 1 条线元素设置为红色虚线,偏移值为 1.8,如图 2.22 所示。

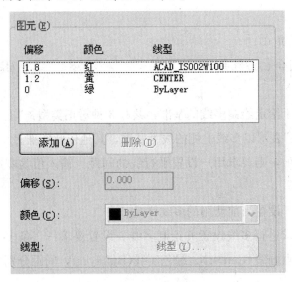

图 2.22 设置三种多线参数

(7)在【封口】选项区域，起点设置为外弧，端点封口形式选择直线，角度45°，如图2.23所示。单击【确定】按钮，完成设置。

图 2.23　多线的封口形式

(8)绘制新设置的多线。

命令：mline

当前设置：对正= 上，比例= 20.00，样式= STANDARD

指定起点或[对正(J)/比例(S)/样式(ST)]：ST　　　(输入 ST 选择新样式)

输入多线样式名或[?]：ML-1　　　(输入新样式名称)

当前设置：对正= 上，比例= 20.00，样式= ML-1　　　(显示当前新多线)

指定起点或[对正(J)/比例(S)/样式(ST)]：　　　(单击鼠标确定起点)

指定下一点：　　　(单击鼠标绘制下一点)

指定下一点或[放弃(U)]：　　　(结束下一点的继续选择)

指定下一点或[闭合(C)/放弃(U)]：　　　(按 Enter 键结束命令)

(9)绘制完成的多线如图 2.24 所示。

图 2.24　绘制多线图形

2.2　图形对象编辑

图形编辑是对已有的图形对象进行移动、旋转、缩放、复制、删除、恢复、偏移、剪切、延伸、比例、镜像、对齐、合并、倒角、圆角、分解以及其他编辑修改操作。

编辑命令不仅可以保证所绘制的图形达到最终需要的结构和精度等要求，更为重要的是，通过编辑功能中的复制、偏移、阵列、镜像等命令可以迅速完成相同或相近图形的绘制，配合适当的操作技巧可以充分发挥计算机绘图优势，从而快速完成图形的绘制，大大提高图形的绘制速度,所以说编辑命令是提高绘图效率的命令。熟练掌握图形编辑命令将使绘图速度大大提高。

2.2.1 复制

在绘图过程中有许多图形对象是相同的,差别仅在于相对位置的不同。AutoCAD 提供了复制、镜像、偏移和阵列命令,以便有规律地复制图形。

1. 命令执行方式及功能

下拉菜单:【修改】→【复制】
功能区:【常用】选项卡→【修改】面板→【复制】按钮
工具栏:【修改】工具栏中【复制】按钮
命令行:COPY
快捷菜单:选择了要复制的对象后,单击鼠标右键,弹出快捷菜单,选择【复制选择】选项。

命令执行过程如下:

命令:copy   (调用命令)
选择对象: (选择要复制的对象)
选择对象: (继续选择对象,或按 Enter 键确认选择)
指定基点或[位移(D)/模式(O)]<位移>:   (指定基点或选择一个选项)

2. 选项说明

(1)指定基点:可进行单一复制和多重复制。用户指定一个基点后的操作和提示如下:

指定第二个点或<使用第一个点作为位移>:   (指定位移第二点或按 Enter 键使
                                              用"用第一点作位移"方式)

各选项的说明如下:

1)指定第二个点:当指定了第二个点后,AutoCAD 将使用第一个点作为基点并在第二个点的位置上放置复制的对象。指定的这两个点定义了一个矢量,它确定复制对象的移动距离和方向。

2)使用第一点作为位移:如果在"指定第二个点"提示下直接按 Enter 键,则将以第一个点的坐标值作为 X、Y、Z 方向上的相对位移量来复制对象。该方式是单个复制的方式。使用该方式时,第一个点的坐标通常用键盘输入。

(2)位移:以指定点的坐标值作为沿 X、Y、Z 轴方向上的位移量来复制对象。

(3)模式:控制是否自动复制该命令。选择该项后系统提示:

输入复制模式选项[单个(S)/多个(M)]<当前>:

可以设置复制模式是单个或多个。

[例 2-13] 将图 2.25(a)中的圆做多重复制,结果如图 2.25(b)所示。

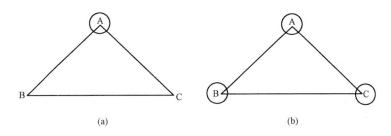

图 2.25　图形复制

(a)复制前；(b)复制结果

[操作步骤]

命令：copy

选择对象：　　　　　　　　　　　　　　　　(选择图 2.25(a)中的圆)

选择对象：找到 1 个　　　　　　　　　　　(按 Enter 键结束选择)

指定基点或[位移(D)/模式(O)]<位移>：　　(捕捉圆心 A)

指定第二个点或<使用第一个点作为位移>：(捕捉 B 点)

指定第二个点或[退出(E)/放弃(U)]<退出>：(捕捉 C 点)

指定第二个点或[退出(E)/放弃(U)]<退出>：(按 Enter 键结束命令)

2.2.2　镜像

1. 命令执行方式及功能

下拉菜单：【修改】→【镜像】

功能区：【常用】选项卡→【修改】面板→【镜像】按钮

工具栏：【修改】工具栏中【镜像】按钮

命令行：MIRROR

镜像对象是指把选择的对象围绕一条镜像线做对称复制。镜像操作完成后，可以保留原对象也可以将其删除。

命令执行过程如下：

命令：mirror

选择对象：　　　　　　　　　　　(可用前述多种选择方法选择要镜像的对象)

选择对象：　　　　　　　　　　　(按 Enter 键结束选择)

指定镜像线的第一点：　　　　　　(指定镜像线的起点)

指定镜像线的第二点：　　　　　　(指定镜像线的终点并定义镜像线)

要删除源对象吗？[是(Y)/否(N)]<N>：(创建镜像图形的同时是否删除源图形)

2. 注意事项

(1)过两点确定一条镜像线，被选择的对象以该线为对称轴进行镜像。包含该线的镜像平面与用户坐标系的 XY 平面垂直,即镜像操作工作在与用户坐标系 XY 平面平行的平面上。

(2)用指定两点定义的镜像轴在图形中可以是真实存在的图形对象,也可以是不存在的图形对象,并且,这两点所定义的镜像轴的方向可以是任意角度的。

[例 2-14] 将图 2.26(a)镜像。结果如图 2.26(b)所示。

[操作步骤]

命令: mirror

选择对象: 指定对角点: 找到 3 个　　　　　　　　　(选择三角形 ABC)

选择对象:　　　　　　　　　　　　　　　　　　　(按 Enter 键结束选择)

指定镜像线的第一点:　　　　　　　　　　　　　　(捕捉 B 点)

指定镜像线的第二点:　　　　　　　　　　　　　　(捕捉 C 点)

要删除源对象吗? [是(Y)/否(N)]<N>:　　　　　　(按 Enter 键不删除)

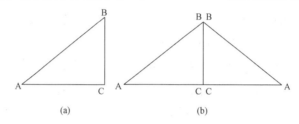

图 2.26　图形镜像

(a)镜像前;(b)镜像结果

2.2.3　偏移

1. 命令执行方式及功能

下拉菜单:【修改】→【偏移】

功能区:【常用】选项卡→【修改】面板→【偏移】按钮

工具栏:【修改】工具栏中【偏移】按钮

命令行: OFFSET

用偏移命令可以对指定的线、椭圆、弧等做同心偏移复制。偏移图形时需要指定偏移的距离或通过指定点偏移。

命令执行过程如下:

命令: offset

当前设置: 删除源=否　图层=源　OFFSETGAPTYPE=0　　　　(显示当前设置)

指定偏移距离或[通过(T)/删除(E)/图层(L)]<通过>:　　　　(指定偏移距离)

选择要偏移的对象,或[退出(E)/放弃(U)]<退出>:　　　　　(选择偏移对象)

指定要偏移的那一侧上的点,或[退出(E)/多个(M)/放弃(U)]<退出>: (指定偏移方向)

选择要偏移的对象，或[退出(E)/放弃(U)]<退出>：

2. 选项说明

(1)指定偏移距离：在距现有对象指定的距离处创建对象。

(2)通过：创建通过指定点的偏移对象。

(3)删除：确定偏移源对象后是否将其删除。

(4)图层：确定将偏移对象是创建在当前图层上还是创建在源对象所在的图层上。

3. 注意事项

(1)该命令在执行过程中，只能用鼠标的拾取框直接选择对象。

(2)可以进行偏移的对象包括直线、射线、构造线、圆、圆弧、二维多段线、二维样条曲线、椭圆、椭圆弧等，点、图块、属性和文字不能被偏移。

[例2-15] 将图2.27(a)中的圆向内侧偏移，结果如图2.27(b)所示。

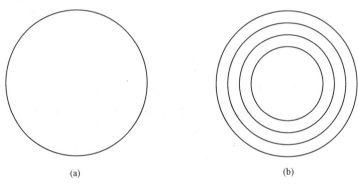

图 2.27 偏移图形

(a)偏移前；(b)偏移结果

[操作步骤]

命令：offset

当前设置：删除源=否　图层=源　OFFSETGAPTYPE=0

指定偏移距离或[通过(T)/删除(E)/图层(L)]<通过>：50 (输入偏移距离)

选择要偏移的对象，或[退出(E)/放弃(U)]<退出>：　　(选择图2.27(a)中的圆)

指定要偏移的那一侧上的点，或[退出(E)/多个(M)/放弃(U)]<退出>：

(在图2.27(a)圆的内侧单击)

选择要偏移的对象，或[退出(E)/放弃(U)]<退出>：　　(选择第二层圆)

指定要偏移的那一侧上的点，或[退出(E)/多个(M)/放弃(U)]<退出>：

(在第二层圆内侧单击)

选择要偏移的对象，或[退出(E)/放弃(U)]<退出>：　　(选择第三层圆)

指定要偏移的那一侧上的点，或[退出(E)/多个(M)/放弃(U)]<退出>：

选择要偏移的对象，或[退出(E)/放弃(U)]<退出>： (在第三层圆内侧单击)
(按 Enter 键结束)

2.2.4 阵列

1. 命令执行方式及功能

下拉菜单：【修改】→【阵列】
功能区：【常用】选项卡→【修改】面板→【阵列】按钮
工具栏：【修改】工具栏中【阵列】按钮
命令行：ARRAY

建立阵列是指多重复制选择的对象，并把这些副本按矩形或环形排列。把副本按矩形排列称为建立矩形阵列，把副本按环形排列称为建立环形阵列。建立环形阵列时，应该控制复制对象的次数和对象是否被旋转；建立矩形阵列时，应该控制行和列的数量以及对象副本之间的距离。

2. 选项说明

执行阵列命令后，系统弹出【阵列】对话框，如图 2.28 所示。

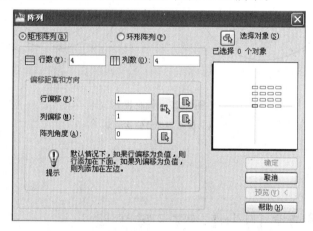

图 2.28 【阵列】对话框

(1)【矩形阵列】：选择【矩形阵列】单选按钮将进行矩形阵列，即按指定的行、列和阵列角度进行阵列。

1)【行数】：指定矩形阵列中的行数。阵列元素的数目由行与列数目的乘积来决定。
2)【列数】：指定矩形阵列中的列数。
3)【行偏移】：指定阵列的行间距。输入正值，则向上阵列对象，反之则向下阵列对象。
4)【列偏移】：指定阵列的列间距。输入正值，则向右阵列对象，反之则向左阵列对象。
5)【拾取行偏移】：单击该按钮将返回绘图窗口。当在绘图区中指定了两点后，这两点的距离将作为行偏移的值。第二点相对于第一点的位置将决定该值的正负,如果第二点在第一点的上方,则该值为正,反之该值为负。

6)【拾取列偏移】:同上一项类似,通过在绘图区中指定两点来作为列偏移的值。并且,如果第二点在第一点的右方,则该值为正,反之该值为负。

7)【拾取两个偏移】:为上两项的组合。单击该按钮将返回绘图区,通过指定两点来确定一个矩形。该矩形的长和宽(分别代表 X 方向和 Y 方向)的值分别为列偏移和行偏移的值。第二点相对于第一点的位置将决定这两个值的正负,如果第二点在第一点的上方和右方,则这两个值皆为正值,反之则为负值。

8)【阵列角度】:用于指定阵列对象的行与 X 轴正向的夹角。如果指定正的角度,则从 X 轴的正向按逆时针方向进行测量,反之则按顺时针方向进行测量。

9)【拾取阵列的角度】:单击该按钮将返回绘图窗口,用户可以使用鼠标在绘图区中指定两点,这两点的连线与 X 轴正向的夹角即为阵列的角度。

(2)【环形阵列】:选择【环形阵列】单选按钮将进行环形阵列,即围绕指定的中心复制选定对象来创建阵列。

1)【中心点】:指定环形阵列时中心点的位置。用户可以在文本框中输入 X、Y 坐标的值,或单击右边的【拾取中心点】按钮,在绘图区中用定点设备指定阵列的中心点。

2)【方法和值】:指定环形阵列中复制对象的方法和值。

①【方法】:选择进行环形阵列的方法,在下拉列表中选择阵列的方法不同,设置值也不同。

②【项目总数】:指定进行环形阵列后对象的总数,默认值为4。该总数包括原对象。

③【填充角度】:指定环形阵列中第一个元素和最后一个元素之间所包含的圆心角。指定的角度为正值,则按逆时针方向阵列对象;反之则按顺时针方向阵列对象。该项默认值为 $360°$,不允许值为0。用户可以单击右边的【拾取要填充的角度】按钮,在绘图区中指定一点,该点与阵列中心点的连线和 X 轴正向的夹角将自动填充到【填充角度】文本框中。

④【项目间角度】:指定环形阵列中相邻两个对象间所夹的圆心角。输入的值必须为正值,默认值为 $90°$。用户也可以单击右边的【拾取项目间角度】按钮,在绘图区中指定一点。该点与阵列中心点的连线和 X 轴正向的夹角将自动填充到【项目间角度】文本框中。

3)【复制时旋转项目】:选择该项,阵列时对象将绕阵列中心点进行旋转,否则将不旋转对象。

4)【详细/简略】:用于打开和关闭【阵列】对话框中的附加选项。

5)【对象基点】:用于设置选定对象上新的参照(基准)点,该点在对对象进行旋转阵列时将与阵列中心点保持不变的距离。

①【设为对象的默认值】:选择该项,将使用对象的默认基点来旋转阵列对象。所使用的默认基点取决于对象类型。

②【基点】：设置对象新基点的 X 和 Y 坐标。单击【拾取基点】按钮，则临时关闭对话框，当用户指定了一个点后，阵列时将以指定的点作为对象的新基点，该点在阵列时与阵列中心点保持距离不变。

(3)【选择对象】：单击该按钮，将返回绘图区。在完成对象的选择后按 Enter 键，【阵列】对话框将重新显示，并且选定的对象数目将显示在【选择对象】按钮下面。

(4)【预览】：单击该按钮，将显示一个提示对话框，并在绘图窗口中显示当前设置的阵列图形。单击【修改】按钮，将返回【阵列】对话框，用户可以对设置进行修改；单击【接受】按钮，则确认当前的设置；单击【取消】按钮，将退出阵列操作，不做任何编辑。

3. 注意事项

(1)行间距和列间距的正负号决定源对象的排列方向。

(2)行间距和列间距的值是两个对象中心点之间的行间距和列间距。

2.2.5 移动

1. 命令执行方式及功能

下拉菜单：【修改】→【移动】

功能区：【常用】选项卡→【修改】面板→【移动】按钮

工具栏：【修改】工具栏中【移动】按钮

命令行：MOVE

快捷菜单：选择要移动的对象后，在绘图区单击鼠标右键弹出快捷菜单，选择【移动】选项。

该命令可移动指定对象。

命令执行过程如下：

命令：move   (调用命令)
选择对象：   (选择要移动的图形)
选择对象：   (继续选择要移动的图形或按 Enter 键结束选择)
指定基点或[位移 (D)]<位移>：   (指定对象移动的基点)
指定第二个点或<使用第一个点作为位移>： (指定对象移动的第二点)

2. 选项说明

(1)指定基点：用两点方式移动对象。第一点为基点，指定第二点后，这两个点定义了一个矢量，指明选定对象移动的距离和方向。

(2)位移：以指定点的坐标值作为沿 X、Y、Z 轴方向上的位移量来移动对象。

3. 注意事项

(1)指定基点时，既可以指定对象上的一个特征点，也可以指定图形中的任何一点。最好将基点指定在对象的特征点上,这样比较方便和常用。

(2)移动对象时也可以使用直接输入距离的方式。即在"指定第二个点"的提示下,将鼠标向需要的方向拖动,直接输入一个距离值,即可按该距离移动对象。

2.2.6 旋转

1. 命令执行方式及功能

下拉菜单:【修改】→【旋转】

功能区:【常用】选项卡→【修改】面板→【旋转】按钮

工具栏:【修改】工具栏中【旋转】按钮

命令行:ROTATE

快捷菜单:选择要旋转的对象,在绘图区域单击鼠标右键弹出快捷菜单,选择【旋转】命令。

执行该命令可旋转对象。

命令执行过程如下:

命令:rotate   (调用命令)
UCS 当前的正角方向:ANGDIR=逆时针 ANGBASE=0   (提示当前的设置)
选择对象: (选择要旋转的图形)
选择对象: (继续选择要旋转的图形或按
                                                  Enter 键结束选择)
指定基点: (指定旋转的基点)
指定旋转角度,或[复制(C)/参照(R)]<0>:   (指定旋转角度或指定一个选项)

2. 选项说明

(1)复制:选择该项,旋转对象的同时保留原对象。

(2)参照:以参照的方式旋转对象,即通过指定相对角度的方式来旋转对象。

[例 2-16] 用【旋转】命令将打开的箱盖合上,如图 2.29 所示。

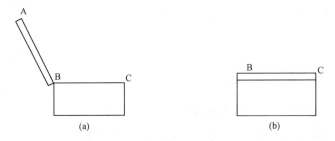

图 2.29 旋转对象

(a)旋转前;(b)旋转结果

[操作步骤]

命令：rotate

UCS 当前的正角方向：ANGDIR=逆时针　ANGBASE=0

选择对象：找到 1 个　　　　　　　　　　　　　（选择箱盖）

选择对象：　　　　　　　　　　　　　　　　　（按 Enter 键结束选择）

指定基点：　　　　　　　　　　　　　　　　　（单击 B 点）

指定旋转角度，或[复制(C)/参照(R)]<0>：R　　（指定参照选项）

指定参照角<0>：　　　　　　　　　　　　　　（单击 B 点）

指定第二点：　　　　　　　　　　　　　　　　（单击 A 点）

指定新角度或[点(P)]<0>：　　　　　　　　　　（单击 C 点）

2.2.7　缩放

1. 命令执行方式及功能

下拉菜单：【修改】→【缩放】

功能区：【常用】选项卡→【修改】面板→【缩放】按钮

工具栏：【修改】工具栏中【缩放】按钮

命令行：SCALE

快捷菜单：选择要缩放的对象后，在绘图区中单击鼠标右键弹出快捷菜单，选择【缩放】选项。

执行该命令可缩放对象。

命令执行过程如下：

命令：scale　　　　　　　　　　　　　　　　（调用命令）

选择对象：　　　　　　　　　　　　　　　　　（选择要进行缩放的对象）

选择对象：　　　　　　　　　　　　　　　　　（继续选择对象或按 Enter 键结束选择）

指定基点：　　　　　　　　　　　　　　　　　（指定缩放的基点）

指定比例因子或[复制(C)/参照(R)]<1.0000>：

　　　　　　　　　　　　　　　　　　　　　　（指定缩放的比例因子，或指定一个选项，或按 Enter 键使用当前比例因子1）

2. 选项说明

(1) 采用参照方向缩放对象时系统提示：

指定参照长度<1.0000>：　　　　（指定参考长度值）

指定新长度或[点(P)]<1.0000>：　（指定新长度值）

若新长度值大于参考长度值，则放大对象；否则，缩小对象。操作完毕后，系统以指定的点为基点按指定的比例因子缩放对象。如果选择"点(P)"选项，则指定两点来定义新的长度。

(2)可以用拖动鼠标的方法缩放对象。选择对象并指定基点后,从基点到当前光标位置会出现一条连线,线段的长度即为比例大小。移动鼠标,选择的对象会动态地随着该连线长度的变化而缩放,按 Enter 键后系统会确认缩放操作。

(3)选择"复制(C)"选项时,可以复制缩放对象,即缩放对象时保留原对象。

[例 2-17] 将图 2.30 中的小箭头放大 2 倍。

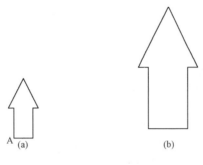

图 2.30 缩放图形

(a)缩放前;(b)缩放结果

命令:scale
选择对象: (选择小箭头)
指定对角点:找到 8 个   (找到 8 个)
选择对象: (按 Enter 键结束选择)
指定基点: (单击 A 点)
指定比例因子或[复制(C)/参照(R)]<1.0000>:2   (输入 2 倍值)

2.2.8 拉伸

1. 命令执行方式及功能

下拉菜单:【修改】→【拉伸】

功能区:【常用】选项卡→【修改】面板→【拉伸】按钮

工具栏:【修改】工具栏中【拉伸】按钮

命令行:STRETCH

拉伸对象是指拖拉选择的对象,拉伸使对象的形状发生改变。拉伸对象时应指定拉伸的基点和移置点。利用一些辅助工具,如捕捉、钳夹及相对坐标等可以提高拉伸的精度。

命令执行过程如下:

命令:stretch   (调用命令)
以交叉窗口或交叉多边形选择要拉伸的对象...:
选择对象: (选择要进行拉伸的对象)
选择对象: (继续选择对象或按 Enter 键确认选择的对象)

指定基点或[位移(D)]<位移>：　　　　　　　　　　(指定拉伸基点或按 Enter 键使用"位移"选项)

2. 选项说明

位移：以指定点的坐标值作为沿 X、Y、Z 轴方向上的位移量来拉伸对象。

3. 注意事项

(1)对于直线段，窗口外的端点不动，窗口内的端点移动。

(2)对于圆弧，窗口外的端点不动，窗口内的端点移动，从而使圆弧做拉伸变动，但圆弧的弦高保持不变。

(3)对于多段线，按组成多段线的各分段直线和圆弧的拉伸规则执行。

(4)对于圆或文本，若圆心或文本基准点在拉伸区域窗口之外，则拉伸后圆或文本仍保持原位不动；若圆心或文本基准点在窗口之内，则拉伸后圆或文本将作移动。

[例 2-18] 使用拉伸命令将房屋平面图中左边的门移动到右边位置，如图 2.31 所示。

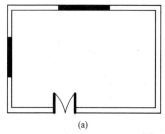 

图 2.31 拉伸图形

(a)拉伸前；(b)拉伸结果

命令格式如下：

命令：stretch

以交叉窗口或交叉多边形选择要拉伸的对象...

选择对象：　　　　　　　　　　(选择要进行拉伸的门部分)

选择对象：　　　　　　　　　　(按 Enter 键确认选择的对象)

指定基点或[位移(D)]<位移>：　　(捕捉到门的左下角)

指定第二个点或<使用第一个点作为位移>：

　　　　　　　　　　　(用鼠标拖动向右移到合适位置单击，并结束命令)

2.2.9 修剪

1. 命令执行方式及功能

下拉菜单：【修改】→【修剪】

功能区：【常用】选项卡→【修改】面板→【修剪】按钮

工具栏：【修改】工具栏中【修剪】按钮

命令行：TRIM

将对象修剪到指定的边界,同时还具有延伸功能。该命令既可以修剪相交的对象,也可以修剪不相交的对象;既可以用于二维对象的操作,也可以用于三维对象的操作。

命令执行过程如下:

命令:trim　　　　　　　　　　　　(调用命令)

当前设置:投影=UCS,边=无　　　　(提示当前设置)

选择剪切边...　　　　　　　　　　(提示选择作为修剪边界的对象)

选择对象或<全部选择>:　　　　　　(选择作为修剪边界的对象或按Enter键选择全部对象作为修剪边界)

按Enter键结束对象选择,系统提示:

选择要修剪的对象,或按住Shift键选择要延伸的对象,或[栏选(F)/窗交(C)/投影(P)/边(E)/删除(R)/放弃(U)]:　　(选择要修剪的对象,或按住Shift键延伸对象,或指定一个选项)

2. 选项说明

(1)栏选:选择与选择栏相交的所有对象。选择栏是一系列临时线段,它们是用两个或多个栏选点指定的。

(2)窗交:选择矩形区域(由两对角点确定)内部或与之相交的对象。

(3)投影:投影模式用于三维空间的修剪。

(4)边:选择剪切边的模式有延伸(E)和不延伸(N)两个选项。其中延伸(E)表示修剪边与被剪对象必须相交才能修剪掉;不延伸(N)则表示即使修剪边与被剪对象不存在可见的交点,只要有相交的趋势,即可被剪掉。

(5)删除:删除选定的对象。此选项提供了一种用来删除不需要对象的简便方法。

(6)放弃:放弃操作。

3. 注意事项

(1)有效的剪切边界对象和可被修改的对象包括二维和三维多段线、圆弧、圆、椭圆、布局视口、直线、射线、面域、样条曲线、文字和构造线等。

(2)在选择被修剪的对象时,如果选择点位于对象端点和剪切边界之间,将删除超出剪切边界的部分。如果选定点位于两个剪切边界之间,则删除两边界之间的部分。

(3)修剪图案填充时,不要将"边"设置为"延伸"方式。否则,即使将允许的间隙设置为正确的值,修剪图案填充时也不能填补修剪边界中的间隙。

(4)对于把带有宽度的多段线作为修剪的对象时,修剪是按中心线计算的,并保留多段线的宽度信息,修剪边界与多段线的中心线垂直。

(5)修剪边界自身也可以作为被修剪的对象。

(6)修剪命令还可以修剪关联尺寸标注,修剪后尺寸标注的数字会自动更新。

2.2.10 延伸

1. 命令执行方式及功能

下拉菜单：【修改】→【延伸】
功能区：【常用】选项卡→【修改】面板→【延伸】按钮--/
工具栏：【修改】工具栏中【延伸】按钮--/
命令行：EXTEND

执行该命令可延伸对象。

命令执行过程如下：

命令：extend   (调用命令)
当前设置：投影=UCS,边=无   (提示当前的设置)
选择边界的边...   (提示选择作为边界的对象)
选择对象或<全部选择>:   (选择作为延伸边界的对象或按Enter键选择全部
                                         对象作为延伸边界)
选择对象: (继续选择作为延伸边界的对象，或按Enter键确
                                         认选择的边界对象)
选择要延伸的对象，或按住Shift键选择要修剪的对象，或[栏选(F)/窗交(C)/投影
(P)/边(E)/放弃(U)]:   (选择要延伸的对象，或按住Shift键修剪对象，
                                         或指定一个选项)

2. 选项说明

(1) 如果要延伸的对象是适配样条多段线，则延伸后会在多段线的控制框上增加新节点。如果要延伸的对象是锥形的多段线，AutoCAD会修正延伸端的宽度，使多段线从起始端平滑地延伸至新终止端。如果延伸操作导致终止端的宽度可能为负值，则取宽度值为0。

(2) 选择对象时，如果按住Shift键，系统就自动将【延伸】命令转换成【修剪】命令。

[例2-19] 用延伸命令将图2.32中的图(a)延伸为图(b)。

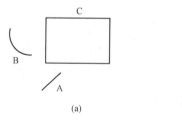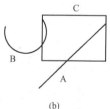

(a)   (b)

图 2.32 延伸图形

(a)延伸前；(b)延伸结果

[操作步骤]

命令：extend （下达延伸命令）
当前设置：投影=UCS，边=延伸
选择边界的边...
选择对象或<全部选择>：找到 1 个 （选择矩形为延伸边界）
选择对象： （按 Enter 键转换为选择要延伸的对象）
选择要延伸的对象，或按住 Shitf 键选择要修剪的对象，或[栏选(F)/窗交(C)/投影(P)/边(E)/放弃(U)]： （单击圆弧一端延伸到矩形第一边界）
选择要延伸的对象，或按住 Shitf 键选择要修剪的对象，或[栏选(F)/窗交(C)/投影(P)/边(E)/放弃(U)]： （再单击圆弧该端延伸到矩形第二边界）
选择要延伸的对象，或按住 Shitf 键选择要修剪的对象，或[栏选(F)/窗交(C)/投影(P)/边(E)/放弃(U)]： （单击直线一端延伸到矩形第一边界）
选择要延伸的对象，或按住 Shitf 键选择要修剪的对象，或[栏选(F)/窗交(C)/投影(P)/边(E)/放弃(U)]： （再单击直线该端延伸到矩形第二边界）
选择要延伸的对象，或按住 Shitf 键选择要修剪的对象，或[栏选(F)/窗交(C)/投影(P)/边(E)/放弃(U)]： （按 Enter 键结束）

2.2.11 打断于点

1. 命令执行方式及功能

功能区：【常用】选项卡→【修改】面板→【打断于点】按钮

工具栏：【修改】工具栏中【打断于点】按钮

打断于点是指在对象上指定一点，从而把对象在此点拆分成两部分。此命令与打断命令类似。

命令执行过程如下：

命令：break （调用命令）
选择对象： （选择要打断的图形）
指定第二个打断点或[第一点(F)]：_f （指定第二个打断点或输入 F 使用"第一点"方式）
指定第一个打断点： （选择打断点）
指定第二个打断点：@ （系统自动忽略此提示）

2. 选项说明

(1)指定第二个打断点：默认选项。如果直接选取对象的另一点，则将把对象上第一点与第二点之间的部分删除。

(2)第一点：用指定的新点替换原来选择对象时指定的第一个打断点，即重新指定第一个打断点。该方式常用于需要准确指定打断点的情况。选择该项后的操作和提示如下：

指定第一个打断点：　　　　　　　　　　　(在对象上指定第一个打断点)

指定第二个打断点：　　　　　　　　　　　(在对象上指定第二个打断点)

2.2.12　打断

1. 命令执行方式及功能

下拉菜单：【修改】→【打断】

功能区：【常用】选项卡→【修改】面板→【打断】按钮

工具栏：【修改】工具栏中【打断】按钮

命令行：BREAK

执行该命令可打断对象。

命令执行过程如下：

命令：break

选择对象：　　　　　　　　　　　　　　　(选择要打断的对象)

指定第二个打断点或[第一点(F)]：　　　　 (指定第二个断开点或输入 F)

2. 选项说明

如果选择"第一点(F)"，AutoCAD 将丢弃前面的第一个选择点，重新提示用户指定两个断开点。

3. 注意事项

打断命令与修剪命令的功能极其相似，到底使用哪个命令要根据图形特点来决定。一般对有明显修剪边存在的图形使用修剪命令，如果不存在修剪边，要切掉图形一部分还需补画修剪边，此时使用打断命令，这样可以避免修剪边和删除修剪边的重复操作。

[例 2-20]　用打断命令将图 2.33 中的图(a)打断变成为图(b)。

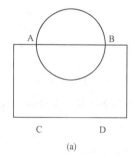 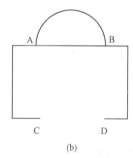

　　　　　(a)　　　　　　　　　　　　　　(b)

图 2.33　打断图形

(a)打断前；(b)打断结果

[操作步骤]

命令：break

选择对象：　　　　　　　　　　　　　　　(捕捉选择 C 点)

指定第二个打断点或[第一点(F)]:	(捕捉选择D点)
命令:	(按Enter键重复打断命令)
Break 选择对象:	(选择圆形)
指定第二个打断点成[第一点(F)]: f	(重新确定打断第一点)
指定第一个打断点:	(捕捉选择A点)
指定第二个打断点:	(捕捉选择B点)

2.2.13 倒角

1. 命令执行方式及功能

下拉菜单:【修改】→【倒角】

功能区:【常用】选项卡→【修改】面板→【倒角】按钮

工具栏:【修改】工具栏中【倒角】按钮

命令行: CHAMFER

倒角是指用斜线连接两个不平行的线型对象,可以用斜线连接直线段、双向无限长线、射线和多段线。

对两条直线边倒角,倒角的参数可以用两种方法确定。

(1)距离方法:由第一倒角距 A 和第二倒角距 B 来确定,如图2.34(a)所示。

(2)角度方法:由对第一直线的倒角距 C 和倒角角度 D 确定,如图2.34(b)所示

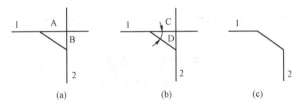

图 2.34 倒角

(a)距离方法;(b)角度方法;(c)结果

命令执行过程如下:

命令: chamfer   (调用命令)

("修剪"模式)当前倒角距离 1=0.0000, 距离 2=0.0000

(提示当前设置情况)

选择第一条直线或[放弃(U)/多段线(P)/距离(D)/角度(A)/修剪(T)/方式(E)/多个(M)]:   (选择要倒角的第一直线,或指定一个选项)

2. 选项说明

(1)多段线:对多段线的各个交叉点倒斜角。为了得到最好的连接效果,一般设置斜线是相等的值。系统根据指定的斜线距离把多段线的每个交叉点都做斜线连接,连接的斜线

成为多段线新添加的构成部分。

(2)距离：选择倒角的两个斜线距离。这两个斜线距离可以相同或不相同。若二者均为0，则系统不绘制连接的斜线，而是把两个对象延伸至相交点处并修剪超出的部分。

(3)角度：选择第一条直线的斜线距离和第一条直线的例角角度。

(4)修剪：与圆角连接命令Fillet相同，该选项决定连接对象后是否剪切原对象。

(5)方式：决定采用"距离"方式还是"角度"方式来倒斜角。

(6)多个：同时对多个对象进行倒斜角编辑。

3. 注意事项

(1)进行倒角时，如果选中的两条直线是多段线段，那么，它们必须相邻或被最多一条线段分开，否则将不能进行倒角操作。如果它们被一条直线或弧线段分开，AutoCAD将删除此线段并代之以倒角线。

(2)如果倒角的两个对象具有相同特性（图层、颜色、线型和线宽），则倒角线段也具有相同的特性。否则，倒角线段将采用当前的图层、颜色、线型和线宽。

(3)不能对两个平行对象或发放对象进行倒角，并且倒角距离和角度不能设置得过大。

[例2-21] 用倒角命令将图2.35中的图(a)例角变成为图(b)。

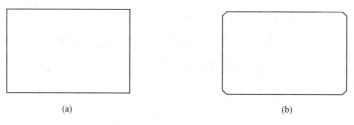

图 2.35 图形倒角

(a)倒角前；(b)倒角结果

命令：chamfer　　　　　　　　　　(调用倒角命令)

("修剪"模式)当前倒角距离1=0.0000, 距离2=0.0000

选择第一条直线或[放弃(U)/多段线(P)/距离(D)/角度(A)/修剪(T)/方式(E)/多个(M)]：d　　　　　　　　　　(重新设置倒角距)

指定第一个倒角距离<0.0000>：30　　(第一倒角距为30)

指定第二个倒角距离<30.0000>：　　(按Enter键，第二倒角距为30)

选择第一条直线或[放弃(U)/多段线(P)/距离(D)/角度(A)/修剪(T)/方式(E)/多个(M)]：p　　　　　　　　　　(选择多线段)

选择二维多段线：　　　　　　　　(单击图3.35(a)所示多段线，即可得图3.35(b)所示图形)

2.2.14 圆角

1. 命令执行方式及功能

下拉菜单：【修改】→【圆角】

功能区：【常用】选项卡→【修改】面板→【圆角】按钮◻

工具栏：【修改】工具栏中【圆角】按钮◻

命令行：FILLET

圆角是指用指定半径决定的一段下滑的圆弧连接两个对象。AutoCAD 规定，可以用一段平滑的圆弧连接一对直线段、非圆弧的多段线、样条曲线、双向无限长线、射线、圆、圆弧和椭圆，可以在任何时刻圆滑连接多段线的每个节点。

命令执行过程如下：

命令：fillet　　　　　　　　　　　　　　　　　　(调用命令)

当前设置：模式=修剪，半径=0.0000　　　　　　　(提示当前设置)

选择第一个对象或[放弃(U)/多段线(P)/半径(R)/修剪(T)/多个(M)]：

　　　　　　　　　　　　　　(选择要倒圆角的第一条边，或指定一选项)

选择第二个对象，或按住 Shift 键选择要应用角点的对象：(选择第二个对象)

2. 选项说明

(1)多段线：在一条多段线的两段直线段的节点处插入圆滑的弧。选择多段线后，系统会根据指定的圆弧半径把多段线各顶点用圆滑的弧连接起来。

(2)修剪：决定在圆滑连接两条边时，是否修剪这两条边。

(3)多个：同时对多个对象进行圆角编辑，而不必重新启用命令。按住 Shift 键并选择两条直线，可以快速创建零距离倒角或零半径圆角。

(4)半径：设置圆角半径。

3. 注意事项

(1)倒圆角时的各注意事项和说明与倒角命令的基本相同，用户可以参照 CHAMFER 命令使用。

(2)在圆之间和圆弧之间进行倒圆角操作时，可以有多个对象圆存在。AutoCAD 将选择端点后靠近选中点的地方进行圆角。

(3)可以对两条相互平行的直线、构造线和射线倒圆角，其圆角半径为两平行线之间距离的一半。

2.2.15 合并

1. 命令执行方式及功能

下拉菜单：【修改】→【合并】

功能区：【常用】选项卡→【修改】面板→【合并】按钮

工具栏：【修改】工具栏中【合并】按钮

命令行：JOIN

将相似的对象合并为一个对象。用户可以合并圆弧、椭圆弧、直线、多段线、样条曲线等，也可以使用圆弧和椭圆弧创建完整的圆和椭圆。

命令执行过程如下：

命令：join　　　　　　　　(调用命令)

选择源对象：　　　　　　　(选择目标对象)

选择要合并到源的对象：　　(选择要合并的对象)

选择要合并到源的对象：　　(继续选择要合并的对象或按 Enter 键确认选择的对象)

2. 注意事项

(1) 直线对象必须共线(位于同一无限长的直线上)，但是它们之间可以有间隙。

(2) 圆弧对象必须位于同一假想的圆上，但是它们之间可以有间隙。"闭合"选项可将源圆弧转换成圆。合并两条或多条圆弧时，将从源对象开始按逆时针方向合并圆弧。

(3) 椭圆弧必须位于同一椭圆上，但是它们之间可以有间隙。"闭合"选项可将源椭圆弧闭合成完整的椭圆。合并两条或多条椭圆弧时，将从源对象开始按逆时针方向合并椭圆弧。

(4) 样条曲线对象必须位于同一平面内，并且必须首尾相邻(端点到端点放置)。

2.2.16　分解

1. 命令执行方式及功能

下拉菜单：【修改】→【分解】

功能区：【常用】选项卡→【修改】面板→【分解】按钮

工具栏：【修改】工具栏中【分解】按钮

命令行：EXPLODE

将由多个对象所组成的合成对象分解为各个单独的对象。当用户需要对合成对象中的某个对象进行编辑时，首先需要将合成对象分解才能进行。

命令执行过程如下：

命令：explode　　　　　　(调用命令)

选择对象：　　　　　　　　(选择要进行分解的对象)

选择对象：　　　　　　　　(继续选择要分解的对象，或按 Enter 键确认选择的对象)

2. 注意事项

(1) 可以被分解的对象有块、尺寸、多线、多段线等，而独立的直线、圆、圆弧、文字、点、椭圆等是不能被分解的。

(2) 设有宽度的多段线分解以后将失去宽度。

(3)块被分解后将失去属性值。

(4)如果要对块、多线、尺寸标注、多段线等进行特殊的编辑,必须预先将它们分解,才能使用普通的编辑命令进行编辑,否则只能用专用的编辑命令进行编辑。

2.2.17 拉长

1. 命令执行方式及功能

下拉菜单:【修改】→【拉长】

功能区:【常用】选项卡→【修改】面板→【拉长】按钮

工具栏:【修改】工具栏中【拉长】按钮

命令行:LENGTHEN

该命令用于改变非封闭对象的长度和圆弧的圆心角,还可以测量对象的长度和圆心角。

命令格式如下:

命令:lengthen   (调用命令)

选择对象或[增量(DE)/百分数(P)/全部(T)/动态(DY)]:   (选择对象或指定一个选项)

2. 选项说明

(1)增量:用指定增加量的方法改变对象的长度或角度。

(2)百分数:用指定占总长度的百分比的方法改变圆弧或直线段的长度。

(3)全部:用指定新的总长度或总角度值的方法来改变对象的长度或角度。

(4)动态:打开动态拖曳模式。在这种模式下,可以使用拖曳鼠标的方法来动态地改变对象的长度或角度。

3. 注意事项

(1)该命令可改变的对象有直线、圆弧、非闭合多段线、椭圆弧和非闭合样条曲线等。

(2)使用该命令,可以连续选择对象以实现多次修改,直到按 Enter 键结束命令。

(3)使用该命令时,直线段由长度控制其加长或缩短,圆弧由弧长或圆心角控制其加长或缩短。

2.2.18 对齐

1. 命令执行方式及功能

下拉菜单:【修改】→【三维操作】→【对齐】

功能区:【常用】选项卡→【修改】面板→【对齐】按钮

命令行:ALIGN

通过移动、旋转或缩放对象,使其与其他对象对齐。该命令既可以用于二维对象,也可以用于三维对象,是一个非常方便的命令。

命令执行过程如下：

命令：align　　　　　　　　　　（调用命令）

选择对象：　　　　　　　　　　（选择要对齐的对象）

选择对象：　　　　　　　　　　（继续选择要对齐的对象或按 Enter 键确认选择的对象）

指定第一个源点：　　　　　　　（在要对齐对象上指定第一个源点）

指定第一个目标点：　　　　　　（在被对齐的对象上指定第一个目标点）

指定第二个源点：　　　　　　　（在要对齐对象上指定第二个源点）

指定第二个目标点：　　　　　　（在被对齐的对象上指定第二个目标点）

指定第三个源点或<继续>：　　（在要对齐对象上指定第三个源点或按 Enter 键结束对齐点的指定）

是否基于对齐点缩放对象？[是(Y)/否(N)]<否>：

　　　　　　　　　　　　　　　（指定一个选项或按 Enter 键执行"否"方式）

2. 选项说明

(1)是：选择该项，对象在进行对齐的同时，还要进行缩放操作。

(2)否：选择该项，对象只进行对齐操作而不进行缩放操作。

3. 注意事项

(1)选择对象时只选择要对齐的对象。

(2)如果在指定了第一个源点和第一个目标点后直接按 Enter 键，则将这对点定义的方向和距离移动，使要对齐的对象与被对齐的对象对齐，使第一个源点和第一个目标点重合。

(3)如果指定了两对源点和目标点，则将移动、旋转和缩放要对齐的对象。第一对源点和目标点重合并定义对齐的基准，第二对源点和目标点重合并定义旋转方向和缩放。

[例 2-22] 用对齐命令将小的矩形对齐摆放在大的矩形上，如图 2.36 所示。

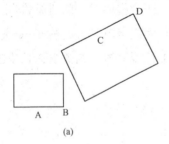 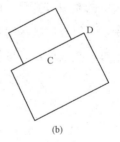

(a)　　　　　　　　　　　　　　(b)

图 2.36　图形对齐

(a)对齐前；(b)对齐结束

命令：align

选择对象：指定对角点：找到 1 个　　　　（选择小的矩形）

选择对象：　　　　　　　　　　　　　　（按 Enter 键结束选择）

指定第一个源点：　　　　　　　　　　　（捕捉单击 A 点）

指定第一个目标点： (捕捉单击 C 点)
指定第二个源点： (捕捉单击 B 点)
指定第二个目标点： (捕捉单击 D 点)
指定第三个源点或<继续>： (按 Enter 键结束指定)
是否基于对齐点缩放对象？[是(Y)/否(N)]<否>：(按 Enter 键，对齐后不进行两点差缩放)

本章小结

对于初学者，基本的操作方法是重要的。熟练掌握 AutoCAD 2010 的基本绘图命令及工具，是学好 AutoCAD 2010 软件的基础。为了检验学习的程度，本章给出了一些练习图形，要求能在短时间内绘制出练习图形，当然，有些图要通过编辑命令才能完成，可以先试一试。

习　题

1. 使用_____命令可以部分删除对象或把对象分解成两个部分。
2. 使用_____命令可以按其他对象定义的剪切边修剪对象。
3. 先画圆再等分 30 份，然后选择合适的方式删除圆上的等分点。
4. 按图 2.37 要求绘制门把手(不标注尺寸)。

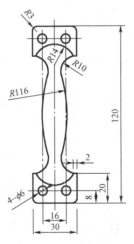

图 2.37　门把手图样

5. 按图 2.38 要求绘制衣帽钩(不标注尺寸)。

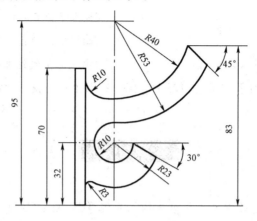

图 2.38 衣帽钩图样

第 3 章 AutoCAD 高级制图命令

本章要点

1. 图案填充；
2. 创建块；
3. 外部参照；
4. 块属性；
5. 创建面域。

AutoCAD 2010 提供了高级绘图命令，例如创建面域和图案填充、创建块、插入块等。通过使用这些高级制图命令，可以提高绘图效率，减少不必要的重复劳动，还可以保证图面的统一。

3.1 图案填充

为了表达不同物体、不同材料和不同结构的断面，建筑图形中不同表面的装饰纹理以及地形图中的不同区域，需要使用图案填充。使用图案填充功能，可以快速地对指定的区域填充指定的图案、指定的颜色，或使用渐变色填充。本节主要介绍图案填充的基本方法和技巧，以及编辑图案填充方法。

3.1.1 创建图案填充

1. 命令执行方式及功能

下拉菜单：【绘图】→【图案填充】

功能区：【常用】选项卡→【绘图】面板→【图案填充】按钮

工具栏：【绘图】工具栏中【图案填充】按钮

命令行：BHATCH 或 HATCH

执行该命令可创建图案填充。

2. 选项说明

执行该命令，系统弹出【图案填充和渐变色】对话框，如图 3.1 所示。该对话框包含【图案填充】和【渐变色】两个选项卡，下面分别进行介绍。

图 3.1 【图案填充和渐变色】对话框

(1)【图案填充】选项卡：设置要应用的填充图案外观。

1)【类型和图案】：指定图案填充的类型和图案。

①【类型】：设置填充图案的类型，用户可在下拉列表中选择一个选项。单击右侧的下三角按钮，弹出其下拉列表，其中：

◆【预定义】：使用 AutoCAD 的预定义图案。这些预定义图案保存在英制标准图案文件 acad.pat 和公制标准图案文件 acadiso.pat 中。

◆【用户定义】：基于图形的当前线型，临时定义直线填充图案。该填充图案由一组平行线或两组相互垂直交叉的平行线组成。

◆【自定义】：使用用户自定义的图案。用户可以根据需要，预先定义一些扩展名为.pat 的自定义图案。

②【图案】：此下拉列表用于确定标准图案文件中的填充图案。在弹出的下拉列表中，用户可从中选取填充图案，选取所需要的填充图案后，在【样例】框内会显示出该图案。只有用户在【类型】下拉列表框中选择了【预定义】，此项才有效，即允许用户从自己定义的图案文件中选取填充图案。如果选择的图案类型是"预定义"，单击【图案】下拉列表框右边的按钮，会弹出如图 3.2 所示的对话框，该对话框中显示了所选类型所具有的图案，用户可从中确定所需要的图案。

③【样例】：显示选定图案的预览图像；单击【样例】，将弹出【填充图案选项板】对话框。

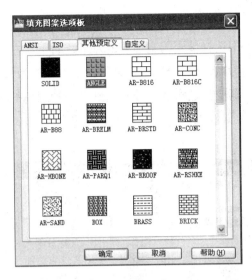

图 3.2 【填充图案选项板】对话框

如果选定的是 SOLID 图案,单击右侧箭头,可显示颜色列表或【选择颜色】对话框。

④【自定义图案】:只有在【类型】下拉列表框中选择了【自定义】选项后,该项才可用。用户可在下拉列表框中选择一个自定义填充图案的样式,也可以单击右边的按钮[...],在【填充图案选项板】对话柜中选择一个自定义图案。

2)【角度和比例】:指定选定填充图案的角度和比例。

①【角度】:此下拉列表框用于确定填充图案时的旋转角度。每种图案在定义时的旋转角度为零,用户可在【角度】下拉列表框中输入所希望的旋转角度。

②【比例】:放大或缩小预定义或自定义图案。在某些情况下,可能由于比例过小而无法看清填充图案,有时由于填充区域过小,看不到或无法看到完整的填充图案。

③【双向】:用于确定用户临时定义的填充线是一组平行线,还是相互垂直的两组平行线。只有在【类型】下拉列表框中选用【用户定义】选项,该项才可以使用。

④【相对图纸空间】:确定是否相对于图纸空间单位确定填充图案的比例值。选择此选项,可以按适合于版面布局的比例方便地显示填充图案。该选项仅仅适用于图形版面编排。

⑤【间距】:指定线之间的间距,在【间距】文本框内输入值即可。只有在【类型】下拉列表框中选用"用户定义"选项,该项才可以使用。

⑥【ISO 笔宽】:用于缩放 ISO 预定义图案。只有在【类型】下拉列表中选用【预定义】选项,并将【图案】设置为一种 ISO 图案时,此选项才可用。笔宽决定了图案中的线宽。

3)【图案填充原点】。此选项组用于确定生成填充图案时的起始位置,因为某些图案(如砖块图案)填充需要与图案填充边界上的一点对齐。

①【使用当前原点】:选择该项,将使用当前 UCS 坐标系的原点作为图案填充的原点。

②【指定的原点】:选择该项,可使用指定的点作为图案填充的原点。其中,单击【单击

以设置新原点】按钮 ...,可在绘图区中指定一点作为图案填充的新原点;选择【默认为边界范围】选项,可在下拉列表中选择填充图案边界的左下、右下、左上和右上或正中作为图案填充的新原点;选择【存储为默认原点】选项,可将指定点存储为默认的图案填充原点。

(2)【渐变色】选项卡:渐变色是指从一种颜色到另一种颜色的平滑过渡。渐变色能产生光的效果,可为图形添加视觉效果。单击该标签,打开如图 3.3 所示的选项卡,其中各选项含义如下。

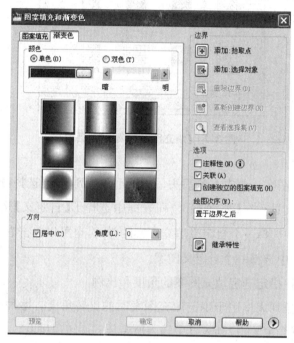

图 3.3 【渐变色】选项卡

1)【颜色】:控制使用单色还是双色渐变填充。

①【单色】:指定使用从较深着色到较浅色调平滑过渡的单色填充。选择该模式时,单击【单色】下边的浏览按钮 ...,将弹出【选择颜色】对话框,从中可以选择需要的颜色。通过右边的色调滑块,可指定一种颜色的色调,即选定颜色与白色或黑色的混合。

②【双色】:单击此单选按钮,系统应用双色对所选择的对象进行渐变填充。填充颜色将从颜色 1 渐变到颜色 2。颜色 1 和颜色 2 的选取与单色选取类似。

2)【方向】:指定渐变色的角度以及是否对称。

①【居中】:选择该项,将指定对称的渐变配置。如果未选择该项,渐变填充将朝左上方变化,创建光源在对象左边的图案。

②【角度】:指定渐变填充的角度,即相对于当前 USC 坐标系指定角度。此选项与指定给图案填充的角度互不影响。指定角度时,可以在文本框中输入一个值,也可以在下拉列表中选择一个角度。

3.1.2 编辑图案填充

图案填充可以使图形更加明了、生动，但如果在使用过程中发现填充的图案并非所需要的图案.用户就希望对填充的图案进行修改、更新填充图案。在【图案填充编辑】对话框中，可以对填充好的图案进行各种编辑操作。

1. 命令执行方式及功能

下拉菜单：【修改】→【对象】→【图案填充】

功能区：【常用】选项卡→【修改】面板→【编辑图案填充】按钮

工具栏：【修改】工具栏中【编辑图案填充】按钮

命令行：HATCHEDIT

2. 选项说明

执行 HATCHEDIT 命令后，AutoCAD 提示"选择图案填充对象"，在该提示下选择已有的填充图案，AutoCAD 2010 弹出【图案填充编辑】对话框，如图 3.4 所示。【图案填充编辑】对话框与【图案填充和渐变色】对话框类似，只是一小部分的选项被禁用了。在该对话框中可以修改图案填充、分解图案填充和设置图案填充的可见性等。对话框中只有用正常颜色显示的项才可以被用户操作。该对话框中各选项的含义与【图案填充和渐变色】对话框中各对应项的含义相同。利用此对话框，可以对已经填充的图案进行编辑。

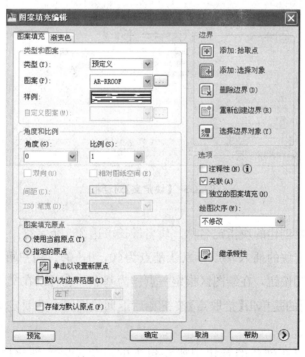

图 3.4 【图案填充编辑】对话框

3.2 块

无论是机械图、建筑图还是别的图形,都会有一些通用部件。在 AutoCAD 中可以把它们定义成"块",并可方便地调用,这不仅可以加快绘图速度,也可以保证图面的统一。

3.2.1 创建块

1. 命令执行方式及功能

下拉菜单:【绘图】→【块】→【创建】

功能区:【插入】选项卡→【块】面板→【创建块】按钮

工具栏:【绘图】工具栏中【创建块】按钮

命令行:BLOCK 或 BMAKE

该命令用于创建一种块,这种块只能被创建它的图形使用。

2. 选项说明

执行该命令后,弹出【块定义】对话框,如图 3.5 所示。该对话框中各选项功能如下。

图 3.5 【块定义】对话框

(1)【名称】:给要创建的块指定名称。块名最长可达 255 个字符。

(2)【基点】:指定块的插入基点,默认基点为(0,0,0)。用户可以选择【在屏幕上指定】选项并单击【确定】按钮,在绘图区指定一点作为基点;也可以在文本框中输入基点的坐标值;不过,最常用的是单击【拾取点】按钮后返回绘图区,在要定义为块的对象上拾取一个特征点作为基点。

(3)【对象】:指定在创建的新块中所要包含的对象,以及创建块之后如何处理这些对象。

1)【在屏幕上指定】:选择该项,关闭对话框后用户可选择创建块的对象。

2)【选择对象】按钮:单击该按钮将返回绘图区,用户可以选择用于创建块的对象。完成对象选择后,按 Enter 键,将重新弹出【块定义】对话框。

3)【快速选择】按钮:单击该按钮将弹出【快速选择】对话框,用户可快速选择需要的对象。

4)【保留】:创建块后,将选定对象保留在图形中作为区别对象。

5)【转换为块】:创建块后选定的对象仍保留在图形中,但已被转换为块对象。

6)【删除】:创建块后,将从图形中删除选定的用来创建块的对象。

7)【提示】:在该组件的下部显示选择了多少个对象。

(4)【方式】:指定块的行为。

1)【注释性】:选择该项,创建的块将为注释性对象。

2)【使块方向与布局匹配】:选择该项,将指定在图纸空间视窗中块参照的方向与布局的方向匹配。

3)【按统一比例缩放】:选择该项,在插入块时,将按统一的缩放比例进行插入;反之,可为 X、Y、Z 方向指定不同的插入比例。

4)【允许分解】:选择该项,插入的块参照将允许分解,否则不允许分解。

(5)【设置】:用于一些基本选项的设置,一般可以使用默认值。

1)【块单位】:指定块参照插入到图形中时的缩放单位,默认单位是毫米。

2)【超链接】:用于在所创建的图块上附着超级链接。单击该按钮,将显示"插入超链接"对话框,用户可以选择指定要附着的超链接。

(6)【说明】:用于输入与块有关的文字说明。

(7)【在块编辑器中打开】:选择该项并在【块定义】对话框中单击【确定】按钮后,将在【块编辑器】中打开当前的块定义。这时,用户可在块编辑器中给该块添加参数和动作。

3. 注意事项

(1)在对源对象处理时,如果误选择了删除,可在删除后立即执行 OOPS 命令恢复这些图形。

(2)必须事先画好要建立为图块的图形对象。

(3)一般在创建图块时按照 1:1 的比例定义图块。在以后插入块时,可以利用比例因子来控制插入的图块的大小。

[例 3-1] 创建如图 3.6 所示符号的图块。

(1)单击【绘图】工具栏中按钮 或选择下拉菜单【绘图】→【块】→【创建】打开【块定义】对话框。

(2)在【名称】文本框中输入"粗糙度符号"名称。

单击【基点】选项组的【拾取点】按钮,在绘图区指定基点。

命令行提示"指定插入基点"后,在图形中下部交点处单击。

指定插入点后,返回【块定义】对话框。

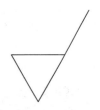

图 3.6 粗糙度符号

(3)单击【对象】选项组的【拾取点】按钮,在绘图区选择要创建图块的图形对象。

命令行提示:

选择对象: (选择要定义图块的对象,选定"粗糙度符号"图块的组成对象)

选择对象: (按 Enter 键)

选择完对象后,返回【块定义】对话框,单击【确定】按钮,完成创建图块的操作。

3.2.2 创建外部块

外部图块与内部图块的区别是,创建的外部图块作为独立文件保存,可以插入到任何图形中去,并可以对图块进行打开和编辑。

1. 命令执行方式及功能

命令行:WBLOCK 或命令别名 W

在 AutoCAD 2010 中,WBLOCK 命令允许用类似 BLOCK 命令的方法组合一组对象,但是,WBLOCK 命令将对象输出成一个文件,实际上就是将这些对象变成一个新的、独立的图形文件。这个新的图形文件可以由当前图形中定义的块创建,也可以由当前图形中被选择的对象组成,甚至可以将全部的当前图形输出成一个新的图形文件。

2. 选项说明

调用命令后,将弹出【写块】对话框,如图 3.7 所示。该对话框与【块定义】对话框有许多选项相同。下面主要介绍不同的选项。

图 3.7 【写块】对话框

(1)【源】:指定创建外部块的对象及其插入块时的插入点。

1)【块】:选择该项,可从右边的下拉列表中选择一个当前图形中已经定义的内部块,并将其转换为外部块,即将选定的内部块以单独的图形文件保存。

2)【整个图形】：把当前的整个图形定义为一个外部块。

3)【对象】：用于将当前图形中选定的对象定义为外部块。

(2)【目标】：指定所创建的外部块名称、保存路径以及插入块时使用的测量单位。

1)【文件名和路径】：指定外部块的文件名称和保存块或对象时的路径。用户可以在下拉列表中输入一个路径，或单击右边的按钮，在弹出的【浏览图形文件】对话框中指定一个名称和保存路径。

2)【插入单位】：指定从设计中心中拖动某个文件或将其作为块插入到使用不同单位的图形中时，自动缩放所使用的单位值。用户可以从下拉列表中选择一个单位。如果希望插入时不自动缩放图形，可选择"无单位"。

3. 注意事项

(1)外部块文件的扩展名为.DWG，外部块文件实际上就是一个图形文件。外部块可以插入到任何一幅图形中。

(2)当用户对外部块重新定义后，已经插入到其他图形中的外部块不会立即更新，必须再做一次该外部块的插入操作后才能更新。

(3)随层 ByLayer 属性和随块 ByBlock 属性的使用与创建内部块的一样。

(4)其余特点与内部块的相同。

(5)该命令有相应的命令行操作形式"WBLOCK"（或命令别名"W"）。

[例 3-2]　将例 3-1 中的"粗糙度"符号定义为外部块。

(1)在命令行输入创建外部块命令的命令别名 W，然后按 Enter 键打开【写块】对话框。

(2)在该对话框的【源】选项区域中选择【对象】选项。

(3)在【基点】选项区域中单击【拾取点】按钮，并在绘图区用鼠标捕捉到图形的中下部交点处。

(4)在【对象】选项区域中，单击【选择对象】按钮并返回绘图区，用鼠标选择用于创建外部块的粗糙度符号对象，按 Enter 键返回该对话框。

(5)在对话框的【目标】选项区域中，设置该外部块保存的名称和路径，如"G：\图库\粗糙度符号"，单击【确定】按钮即可。

3.2.3 插入块

1. 命令执行方式及功能

下拉菜单：【插入】→【块】。

功能区：【插入】选项卡→【块】面板→【插入】按钮。

工具栏：【绘图】工具栏中【插入块】按钮。

命令行：INSERT 或 DDINSERT

该命令用于将已经预先定义好的图块插入到当前的图形中。注意，如果在样板图中创建并保存了图块,那么在使用该样板图创建一张新图时,图块定义也将保存在新创建的图形中。如果将一个图形文件插入到当前图形中,那么其中的图块定义也被插入到当前图形中。不管这些图块是已经插入到图形中,还是只保存了一个图块定义。

2. 选项说明

调用命令后,将弹出【插入】对话框,如图 3.8 所示。

图 3.8 【插入】对话框

(1)【名称】:用于指定要插入块的名称,或指定要作为块插入的文件名称。当前图形中定义的内部块和已经插入过的块的名称将显示在下拉列表中。用户可在其中选择一个,或单击右边的【浏览】按钮,打开【选择图形文件】对话框,从中选择要插入到图形中的块或图形文件。

(2)【路径】:显示要插入块的路径。

(3)【插入点】:用于指定块的插入点。

1)【在屏幕上指定】:选择该项,将通过定点设备(如鼠标)在屏幕上指定块的插入点位置。选择该项并单击【确定】按钮后的操作和提示如下:

  指定插入点或[基点(B)比例(S)/X/Y/Z 旋转(R)]: (指定块的插入点位置或指定
                        一个选项)

各选项的说明如下:

①基点:将块临时放置到当前图形中并允许用户重新在块中指定一个新基点。然后,块随新基点移动到指定位置上。指定的新基点不会影响块参照定义的原基点。

②比例:设置 X 轴、Y 轴和 Z 轴的共同比例因子。

③X、Y、Z:设置 X、Y、Z 方向的缩放比例因子。

④旋转:设置块插入时的旋转角度。输入的是正角度,插入的块将按逆时针方向旋转;反之,则按顺时针方向旋转。

2)X、Y、Z:若未选择【在屏幕上指定】复选框,则可以在这三个文本框中直接输入插入点的坐标值。这三个文本框中的默认值都是 0,即坐标原点。

(4)【比例】：指定插入块时的缩放比例。

1)【在屏幕上指定】：选择该项，可用定点设备在屏幕上指定块的缩放比例。选择该项并指定了块的插入点后的操作和提示如下：

输入 X 比例因子，指定对角点，或[角点(C)/XYZ(XYZ)]<1>：

(指定 X 方向的缩放比例因子，或指定对角点，或指定一个选项，或按 Enter 键使用当前比例因子 1)

其中各选项的说明如下：

①输入 X 比例因子：指定 X 轴方向的缩放比例因子，接着还需指定 Y 方向的缩放比例因子。

②指定对角点：即"角点"选项。如果在屏幕上指定一点，则将使用该项。选择该项，将以指定的插入点为第一个对角点，在提示下，用户可输入相对于第一点的坐标来指定第二点，如"@3,4"。这时，插入的块在 X 方向上的缩放比例为 3；在 Y 方向上的缩放比例为 4。如果第二个对角点的坐标输入的是绝对坐标，则 X 方向和 Y 方向的缩放比例将为第二点与第一点的 X 坐标的差值和 Y 坐标的差值。

③XYZ：选择该项，可分别指定这 X、Y、Z 三个方向的缩放比例因子。

2)X、Y、Z：若未选择【在屏幕上指定】复选框，则可以在这三个文本框中接着输入插入块时在这三个方向上的缩放比例因子。

3)【统一比例】：选择该项，将可为 X、Y、Z 三个方向指定一个共同的比例因子。

(5)【旋转】：在当前 UCS 坐标中指定插入块的旋转角度。

1)【在屏幕上指定】：选择该项，可用定点设备在屏幕上指定块的旋转角度。

2)【角度】：若未选择【在屏幕上指定】复选框，则可以在文本框中直接输入插入块时的旋转角度。

(6)【块单位】：显示有关块的单位信息。其中，【单位】中显示了该块在创建时所用的单位；而【比例】中显示了创建块时的单位与插入该块的当前图形的单位的比值。

(7)【分解】：选择该项，所插入的块将分解为组成块的各个部分。

3. 注意事项

(1)允许在三个坐标方向用不同的缩放比例，如果三个方向比例相同，可以选中【统一比例】复选框强行控制。

(2)由于实际绘图的需要，在选择插入点的方式时，往往采用【在屏幕上指定】的方法，这样快捷、方便，特别是需要在多处插入同一个块时尤为显著。

(3)如果输入的比例因子为负值，则产生相应的镜像图像。例如，X 方向为负，则产生以 Y 轴为镜像线的镜像图。

3.2.4 创建块属性

块属性是指块的可见性、说明性文字、插入点、块所在的图层以及颜色等。在 Auto-

CAD 2010 中，用户可以为块添加属性，在插入块的同时显示某些属性，这样可以提高图形的可读性。属性从属于块，是块的组成部分，如果块被删除，属性也会被删除。

1. 命令执行方式及功能

下拉菜单：【绘图】→【块】→【定义属性】

功能区：【插入】选项卡→【属性】面板→【定义属性】按钮

命令行：ATTDEF

该命令用于创建一个属性定义，包括确定属性的显示模式、标记、提示、值和位置等。

2. 选项说明

调用命令，将弹出【属性定义】对话框，如图3.9所示。

图3.9 【属性定义】对话框

各选项功能介绍如下：

(1)【模式】：在图形中插入块时，设置与块关联的属性值的使用方式。

1)【不可见】：选择该项，在图形中插入块时，将不显示或打印属性值，反之，则显示。

2)【固定】：选择该项，在插入块时赋予属性固定值。该属性附着于块后，其属性不能编辑。

3)【验证】：选择该项，在当前图形中插入时，将提示验证输入的属性值是否正确，即对输入的属性值要求再输入一次。

4)【预设】：选择该项，在当前图形中插入块时，将使用"值"文本框中的默认值作为该属性的属性值。该属性附着于块后，其属性可被编辑。

5)【锁定位置】：选择该项，将锁定块参照中属性的位置。解锁后，可用夹点编辑属性在块中的位置，并且可以调整多行属性的大小。

6)【多行】：指定属性值可以包含多行文字。选择该项后，可以指定属性的边界宽度。

(2)【属性】：用于输入属性的各项内容。在文本框中输入属性标记、提示及默认值。

1)【标记】：设置属性的名称，以标识图形中每次出现的属性。

2)【提示】：指定在插入包含该属性定义的块时所显示的提示。

3)【默认】：设置属性的默认值。用户可在文本框中输入一个常用的属性值，还可以单击右边的【插入字段】按钮，然后选择一个字段作为属性的默认值。

(3)【插入点】：用于为图形中的属性输入位置。可以选择【在屏幕上指定】复选框，在屏幕上指定一个位置，也可以在文本框中输入坐标值以指定属性在图形中的位置。

(4)【文字设置】：设置属性文字的对正方式、文字样式、文字高度、旋转和边界宽度。

1)【对正】：设置属性文字的对正方式(图 3.10)。

图 3.10 对正方式

2)【文字样式】：选择属性文字的文字样式。必须在当前图形中进行了设置才能选择该项。

3)【注释性】：选择该项，将指定属性具有注释性。

4)【文字高度】：设置属性文字的高度。用户可以在文本框中输入一个高度，也可以单击右边的【高度】按钮，在绘图区中通过指定两点来确定属性文字的高度。

5)【旋转】：指定属性文字的旋转角度。用户可以在文本框中输入一个值，也可以单击右边的【旋转】按钮，在绘图区中指定两点，由这两点的连线与 X 轴正向的夹角来确定旋转的角度。

6)【边界宽度】：选定【多行】模式后，用于指定多行属性中文字行的最大长度。

(5)在上一个属性定义下对齐：已经定义了一个属性后选择该项，可以将后续的属性定义的属性标记直接置于上一个属性定义的属性标记下面。

设置好后单击【确定】按钮结束定义。

3. 属性附着

所谓属性附着，就是将属性与某个特定的块联系起来，使之成为特定块的属性。属性附着的具体步骤如下：

(1)调用创建内部块命令 BLOCK 或创建外部块命令 WBLOCK 创建块。

(2)选取创建块的对象时，一定要将需要的属性一起选择进去。这样，属性即附着于该块之上，成为该块的一部分。

(3)附着了属性后，在【块定义】对话框或【写块】对话框中单击【确定】按钮，将弹出【编辑属性】对话框。该对话框中显示了带有属性的块的名称、属性的提示信息和属性的默认值。如需修改属性的默认值，可在其中输入一个新值。最后，单击【确定】按钮，包含属性的块创建完毕。

[例 3-3] 给如图 3.11(a)所示的粗糙度符号定义一个属性，其中属性标记为"CCD"、提示为"粗糙度"、默认为 5.5。将定义的属性附着到名为"粗糙度"的块上。

(1)在命令行输入 ATTDEF 命令打开【属性定义】对话框。

(2)在【标记】文本框中输入"CCD"，在【提示】文本框中输入"粗糙度"，在【默认】文本框中输入"5.5"。

(3)在【插入点】选项区域中选择【在屏幕上指定】。

(4)在【文字设置】选项区域的【文字高度】文本框中，输入"5"。

(5)单击【确定】按钮，在绘图区中用鼠标指定属性的插入位置并结束命令。插入属性后的图形如图 3.11(b)所示。

(6)在命令行输入写块命令的命令别名"W"后，打开【写块】对话框。

(7)在该对话框的【源】选项区域中，选择【对象】选项。

(8)在【基点】选项区域中，单击【拾取插入基点】按钮并返回到绘图区。用鼠标捕捉到粗糙度符号下面的角点。

(9)在【对象】选项区域中，单击【选择对象】按钮并返回绘图区。用鼠标将粗糙度符号和属性一起选择进去，按 Enter 键返回该对话框。

(10)在【目标】选项区域中，设置该外部块保存的名称和路径，单击【确定】按钮。创建块完成后的图形如图 3.11(c)所示。

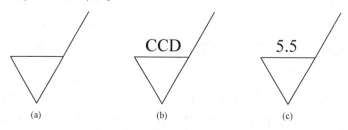

图 3.11 定义属性并附着于块

(a)属性定义前；(b)属性定义后；(c)附着于块

3.2.5 创建动态块

在 AutoCAD 2010 中，块可以分为静态块和动态块两类。前面所讲的都是静态块，而动态块是指可以通过自定义夹点或自定义特性来操作的块，用户可以对动态块随时进行调整，还可以在块编辑器中进行创建与编辑。

例如，如果在图形中插入一个门块参照，编辑图形时可能需要更改门的大小。如果该块是动态的，并且定义为可调整大小，那么只需拖动自定义夹点或在【特性】选项板中指定角度的大小，这样就可以修改门的打开角度，如图 3.12 所示。

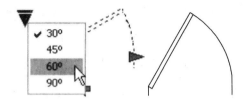

图 3.12　改变动态块角度

1. 命令执行方式及功能

下拉菜单：【工具】→【块编辑器】

功能区：【插入】选项卡→【块】面板→【块编辑器】按钮

工具栏：【标准】工具栏中【块编辑器】按钮

命令行：BEDIT

快捷菜单：选择一个块参照，在绘图区域中单击鼠标右键，弹出快捷菜单，选择【块编辑器】选项。

BEDIT 命令用来打开【编辑块定义】对话框，从而创建动态块。

2. 选项说明

调用命令后，将弹出【编辑块定义】对话框，如图 3.13 所示。

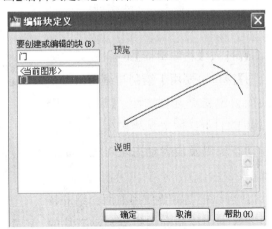

图 3.13　【编辑块定义】对话框

利用该对话框，可以选择图形中保存的块定义，或输入要在块编辑器中创建的新块定义的名称，然后在块编辑器中给它们添加参数和动作。

(1)【要创建或编辑的块】：指定要在块编辑器中编辑或创建的块的名称。如果输入一个新名称，将作为要创建的新块定义的名称；如果在列表中选择一个已保存的块定义，则该块定义的名称将显示在此文本框中。

(2)列表框：显示保存在当前图形中的块定义的列表。从该列表中选择某个块定义后，此块定义将在块编辑器中打开。如果选择"当前图形"，则当前图形将在块编辑器中打开。

(3)【预览】：显示选定块定义的预览。如果显示闪电图标，表示该块是动态块。

(4)【说明】：显示块编辑器中的【特性】选项板的【块】区域中所指定的块定义说明。

(5)【确定】：单击该按钮将关闭【编辑块定义】对话框，并显示打开选定的块定义或新的块定义的块编辑器，如图3.14所示。

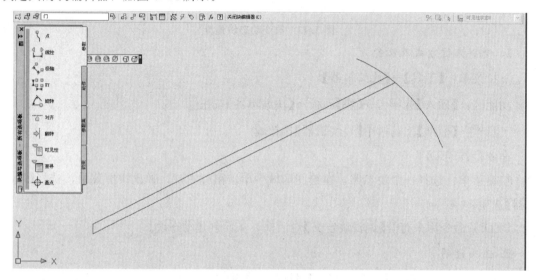

图3.14 块编辑器

3. 块编辑器

块编辑器主要由【绘图】窗口、【块编辑器】工具栏和【块编写选项板】面板组成。【绘图】窗口主要用于绘制与编辑组成块的对象，以及指定动态块的自定义夹点和特性。【块编辑器】工具栏位于块编辑器窗口的最上边。该工具栏提供了在块编辑器中使用动态块、创建动态块以及设置动态块可见性状态的工具。各工具的功能如下。

(1)块编辑器的绘图区：可以根据需要使用前面介绍的各种绘图和编辑命令，在绘图区域中绘制和编辑创建动态块的几何图形。

(2)块编写选项板：包含用于创建动态块的工具。其中：

1)【参数】选项卡：提供用于向块编辑器的动态块定义中添加参数的工具(图3.15)。参数用于指定几何图形在块参照中的位置、距离和角度。将参数添加到动态块定义中时，该参数将定义块的一个或多个自定义特性。用户应仔细考虑动

图3.15 【参数】选项卡

态块中什么是需要变化的量,然后再为这个变量增加一个适当的参数。如制作门动态块,预计门的宽度尺寸需要变化,这样,可给门选择一个线性参数。

①【点】：向动态块定义中添加一个点参数并定义块参照的自定义 X 和 Y 特性,以及定义图形中的 X 和 Y 位置。在块编辑器中,点参数类似于一个坐标标注。

②【线性】：向动态块定义中添加一个线性参数并定义块参照的自定义距离特性、线性参数两个目标点之间的距离,并限制沿预置角度进行的夹点移动。在块编辑器中,线性参数类似于对齐标注。

③【极轴】：向动态块定义中添加一个极轴参数,并定义块参照的自定义距离和角度特性。参数显示两个目标点之间的距离和角度值。可以使用夹点和"特性"选项板来共同更改距离值和角度值。

④【XY】：向动态块定义中添加一个 XY 参数,并定义块参照的自定义水平距离和垂直距离特性。该参数显示距参数基点的 X 距离和 Y 距离。在块编辑器中,XY 参数显示为一对标注(水平标注和垂直标注)。这一对标注确定一个公共基点。

⑤【旋转】：向动态块定义中添加一个旋转参数并定义块参照的自定义角度特性。该参数用于定义角度。在块编辑器中,旋转参数显示为一个圆。

⑥【对齐】：向动态块定义中添加一个对齐参数。该参数用于定义 X 位置、Y 位置和角度,且总是应用于整个块而无须与任何动作相关联。该参数允许块参照自动围绕一个点旋转,以便与图形中的其他对象对齐。该参数影响块参照的角度特性。在块编辑器中,对齐参数类似于对齐线。

⑦【翻转】：向动态块定义中添加一个翻转参数,并定义块参照的自定义翻转特性。该参数用于翻转对象。在块编辑器中,翻转参数显示为投影钱,可以围绕这条投影线翻转对象。翻转参数将显示一个值,该值显示块参照是否已被翻转。

⑧【可见性】：此操作将向动态块定义中添加一个可见性参数,并定义块参照的自定义可见性特性。可见性参数允许用户创建可见性状态并控制对象在块中的可见性。可见性参数总是应用于整个块,并且无须与任何动作相关联。在图形中单击夹点可以显示块参照中所有可见性状态的列表。在块编辑器中,可见性参数显示为带有关联夹点的文字。

⑨【查寻】：此操作将向动态块定义中添加查寻参数,并定义块参照的自定义查寻特性。查寻参数用于定义自定义特性,用户可以指定或设置该特性,以便从定义的列表或表格中计算出某个值。该参数可以与单个查寻夹点相关联。在块参照中单击该夹点可以显示可用值的列表。在块编辑器中,查寻多数显示为文字。

⑩【基点】：操作后将向动态决定义中添加一个基点参数。基点参数用于定义动态块参照相对于块中的几何图形的基点。基点参数无法与任何动作相关联,但可以属于某个动作的选择集。在块编辑器中,基点参数显示为带有十字光标的圆。

2)【动作】选项卡：提供用于向块编辑器的动态块定义中添加动作的工具。【动作】定义了在图形中操作块参照的自定义特性时，动态块参照的几何图形将如何移动或变化。应将动作与参数相关联。下面介绍一下其中的选项(图3.16)。

①【移动】：在动态块参照中，该动作将使对象移动到指定的距离和角度。

②【缩放】：在动态块参照中，该动作将使其选择集发生缩放。

③【拉伸】：该动作使对象在指定的位置上移动和拉伸指定的距离。

④【极轴拉伸】：该动作使对象旋转、移动和拉伸指定的角度和距离。

⑤【旋转】：该动作将使其相关联的对象进行旋转。

⑥【翻转】：该动作可以围绕指定的轴(称为投影线)翻转动态块参照。

⑦【阵列】：该动作将复制关联的对象并按矩形的方式进行阵列。

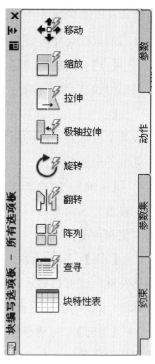

图 3.16 【动作】选项卡

⑧【查寻】：此操作将向动态块定义中添加一个查寻动作。将查寻动作添加到动态块定义中并将其与查寻参数相关联时，它将创建一个查寻表。可以使用查寻表指定动态块的自定义特性和值。

块特性表：使用块特性表可以在块定义中定义和控制参数和特性的值。其由栅格组成，其中包含用于定义列标题的参数和定义不同特性集值的行。选择块参照时，可以将其设置为由块特性表中的某一行定义的值。

3)【参数集】选项卡：提供在块编辑器中向动态块定义中添加一般成对的参数和动作的工具(图3.17)。将参数集添加到动态块中时，动作将自动与参数相关联。

①【点移动】：此操作将向动态块定义中添加一个点参数。系统会自动添加与该点参数相关联的移动动作。

②【线性移动】：此操作将向动态块定义中添加一个线性参数。系统会自动添加与该线性参数的端点相关联的移动动作。

③【线性拉伸】：向动态块定义添加带有一个夹点的线性参数和关联拉伸动作。

④【线性阵列】：向动态块定义添加带有一个夹点的线性参数

图 3.17 【参数集】选项卡

和关联阵列动作。

⑤【线性移动配对】：向动态块定义添加带有两个夹点的线性参数和与每个夹点相关联的移动动作。

⑥【线性拉伸配对】：向动态块定义添加带有两个夹点的线性参数和与每个夹点相关联的拉伸动作。

⑦【极轴移动】：执行该命令，然后选择极轴参数选项并指定一个夹点。此操作将向动态块定义中添加一个极轴参数。系统会自动添加与该极轴参数相关联的移动动作。

⑧【极轴拉伸】：单击此按钮，执行该命令，然后选择极轴参数选项并指定一个夹点，此操作将向动态块定义中添加一个极轴参数。系统会自动添加与该极轴参数相关联的拉伸动作。

⑨【环形列阵】：单击此按钮，然后选择极轴参数选项并指定一个夹点。此操作将向动态块定义中添加一个极轴参数。系统会自动添加与该极轴参数相关联的阵列动作。

⑩【极轴移动配对】：单击此按钮，执行命令，然后选择极轴参数选项并指定两个夹点，此操作将向动态块定义中添加一个极轴参数。系统会自动添加两个拉伸动作，一个与基点相关联，另一个与极轴参数的端点相关联。

其他参数集与上面各项类似，不再赘述。

(3)块编辑器工具栏：该工具栏提供了块编辑器中使用、用于创建动态块以及设置可见性状态的工具。

1)【编辑或创建块定义】：单击该按钮，将弹出【编写块定义】对话框。利用该对话框，可以创建新的块定义或编辑已有的块定义。

2)【保存块定义】：单击该按钮可保存当前块定义。

3)【将块另存为】：单击该按钮，将弹出【将块另存为】对话框。利用该对话框，可将块以另一个新名称保存。

4)【块定义的名称】显示框：显示当前块定义的名称。

5)【测试块】：创建动态块时，将显示一个测试块窗口，从中可轻松测试块定义。

6)【自动约束对象】：可以将几何约束自动应用于块定义中的对象。

7)【应用几何约束】：用户可指定二维对象或对象上的点之间的几何约束。之后编辑受约束的几何图形时，将保留约束。

8)【编写选项板】：单击该按钮可显示或隐藏块编写选项板。

9)【参数】：可向动态块定义中添加参数。

10)【动作】：可向动态块定义中添加动作。

11)【定义属性】：单击该按钮，将弹出【属性定义】对话框，从中可以定义块属性。

12)【关闭块编辑器】：单击该按钮，将关闭块编辑器，返回到主程序的绘图区。

3.3 边界和面域

3.3.1 创建边界

1. 命令执行方式及功能

下拉菜单：【绘图】→【边界】

命令行：BOUNDARY

所谓边界，就是某个封闭区域的轮廓，使用边界命令可以根据封闭区域内任一指定点来自动分析该区域的轮廓，并可通过多线段或者面域的形式保存下来。

2. 选项说明

执行 BOUNDARY 命令后，系统弹出【边界创建】对话框，如图 3.18 所示。

图 3.18 【边界创建】对话框

(1)【拾取点】：根据围绕指定点构成封闭区域的现有对象来确定边界。

(2)【孤岛检测】：控制 BOUNDARY 是否检测内部闭合边界，该边界称为孤岛。

(3)【对象类型】：控制新边界对象的类型。BOUNDARY 将边界作为面域或多段线对象创建。

(4)【边界集】：定义通过指定点定义边界时，BOUNDARY 要分析的对象集。

(5)【当前视口】：根据当前视口范围中的所有对象定义边界集，选择此选项将放弃当前所有边界集。

(6)【新建】：提示用户选择用来定义边界集的对象。BOUNDARY 仅包括可以在构造新边界集时，用于创建面域或闭合多线段的对象。

完成以上设置后，可单击【拾取点】按钮，在绘图区中某封闭区域内任选一点，系统将自动分析该区域的边界并相应生成多线段或面域来保存边界。在【边界创建】对话框设置对

象类型后,单击【拾取点】按钮,命令行提示如下:

　　命令:boundary　　　　　　　　　　　　(下达命令)
　　拾取内部点:正在选择所有对象...　　　　(选择要创建边界的封闭区域)
　　正在选择所有可见对象...
　　正在分析所选数据...　　　　　　　　　　(系统自动分析)
　　正在分析内部孤岛...
　　拾取内部点:
　　BOUNDARY 已创建 1 个多线段　　　　　　(创建的边界以多线段的形式保存)

3.3.2　创建面域

面域是具有边界的平面区域,内部可以包含孔。在 AutoCAD 2010 中,用户可以将由某些对象围成的封闭区域转变为面域,这些封闭区域可以是圆、椭圆、封闭二维多段线和封闭的样条曲线等对象,也可以是由圆弧、直线、二维多段线和样条曲线等对象构成的封闭区域。

1. 命令执行方式及功能

下拉菜单:【绘图】→【面域】
工具栏:【绘图】工具栏中【面域】按钮
命令行:REGION

面域可用于:
(1)填充和着色;
(2)使用 MASSPROP 分析特性;
(3)提取设计信息;
(4)创建为面域的图形对象可以进行"并集、差集、交集"运算来重新组合对象。

2. 选项说明

该命令没有其他选项,下达指令后直接选择欲创建对象即可。选择对象后,系统自动将所选择的对象转换成面域。

[例 3-4]　将图 3.6 所示的粗糙度符号图形创建为面域。

执行 REGION(创建面域)命令后,命令行提示如下。

　　命令:region　　　　　(执行创建面域命令)
　　选择对象:　　　　　　(指定对角点,选择要创建面域的对象。框选整个粗糙度符号,
　　　　　　　　　　　　　命令行显示找到 4 个)
　　选择对象:　　　　　　(按 Enter 键确定或右键单击"确定"按钮结束选择)
　　已提取 1 个环　　　　 (系统提示)
　　已创建 1 个面域　　　 (系统提示,根据此处的提示能够知道是否创建成功)

3. 注意事项

(1)可以通过多个环或者端点相连形成环的开曲线来创建面域。不能通过外放对象内部相交构成的闭合区域构造面域，例如，相交圆弧或自相交曲线。

(2)从本质上讲，面域属于实体模型，而二维图形属于线框模型，它们在表现上有所不同，例如单击面域的任意一边时，整个面域即会被选中，当单击二维图形的一边时，只能选择该边，而不能选中整个二维图形。

本章小结

在建筑制图中，有时候要表达建筑材料的类型，需要快速创建重复的图形对象，需要创建一些图形区域，这时候就需要用到图案填充、块、面域等功能。本章所介绍的高级制图命令可以简化绘制步骤，提高绘图效率。用户可结合习题练习各种命令的操作，以便熟练掌握。

习 题

1. 在"图案填充"选项卡中可以设置填充图案的填充类型、_____、_____等。
2. _____是一个或多个对象组成的对象集合，常用于绘制复杂、重复的图形。
3. BOUNDARY命令创建的边界可以用_____、_____形式保存。
4. 利用各种绘图与编辑命令绘制如图3.19所示的图形，并将其创建成面域图形，然后进行填充。

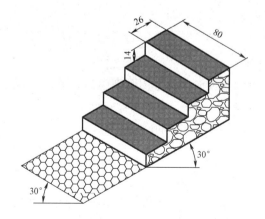

图 3.19 绘制阶梯图

5. 绘制一个粗糙度符号图形(图3.20)并将其制作成块,在插入时可以改变其值。

图 3.20 粗糙度符号图形

第 4 章 文字及尺寸标注

> **本章要点**

1. 文字样式及字体；
2. 单行文本；
3. 多行文本；
4. 创建和修改表格；
5. 创建以及编辑标注。

本章详细介绍文字及尺寸标注的方法。

4.1 文字

AutoCAD 图形中的文字是根据当前文字样式标注的。文字样式说明所标注文字使用的字体以及其他设置，如字高、字颜色、文字标注方向等。AutoCAD 2010 为用户提供了默认文字样式 STANDARD。当在 AutoCAD 中标注文字时，如果系统提供的文字样式不能满足国家制图标准或用户的要求，则应首先定义文字样式。

4.1.1 创建文字样式

1. 命令执行方式及功能

下拉菜单：【格式】→【文字样式】

命令：STYLE

工具栏：【文字】工具栏中【文字样式】按钮 A

文字样式是一组可随图形保存的文字设置的集合，这些设置包括字体、字号、倾斜角度、方向和其他文字特征等。如果要使用其他文字样式来创建文字，可以将其他文字样式置于当前。

2. 选项说明

执行 STYLE 命令，AutoCAD 弹出如图 4.1 所示的【文字样式】对话框。

(1)【样式】：列有当前已定义的文字样式，用户可从中选择对应的样式作为当前样式或进行样式修改。

(2)【字体】：用于确定所采用的字体。

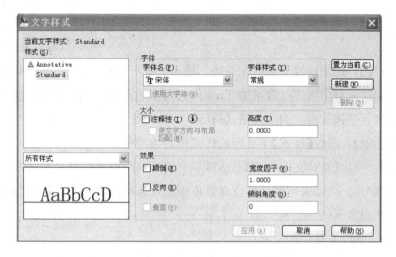

图 4.1 【文字样式】对话框

1)【字体名】：列出 Fonts 文件夹中所有注册的 TrueType 字体和所有编译的形(SHX)字体的字体族名。从列表中选择名称后，该程序将读取指定字体的文件。除非文件已经由另一个文字样式使用，否则将自动加载该文件的字符定义。该程序可以定义使用同样字体的多个样式。

2)【字体样式】：指定字体格式，如斜体、粗体或者常规字体。选定【使用大字体】后，该选项变为【大字体】，用于选择大字体文件。

3)【使用大字体】：指定亚洲语言的大字体文件。只有在【字体名】中指定 SHX 文件，才能使用【大字体】。只有 SHX 文件可以创建【大字体】。

(3)【大小】：更改文字的大小。

1)【注释性】：指定文字为注释性。单击信息图标以了解有关注释性对象的详细信息。

2)【使文字方向与布局匹配】：指定图纸空间视口中的文字方向与布局方向匹配。如果清除【注释性】选项，则该选项不可用。

3)【高度】：根据输入的值设置文字高度。如输入大于 0.0 的高度，将自动为此样式设置文字高度。如果输入 0.0，则文字高度将默认为上次使用的文字高度，或使用存储在图形样板文件中的值。在相同的高度设置下，TrueType 字体显示的高度可能会小于 SHX 字体。如果选择了注释性选项，则输入的值将设置图纸空间中的文字高度。

(4)【效果】：修改字体的特性，例如宽度因子、倾斜角度以及是否颠倒显示、反向或垂直对齐。

1)【颠倒】：即颠倒显示字符。

2)【反向】：即反向显示字符。

3)【垂直】：即显示垂直对齐的字符。只有在选定字体支持双向时，【垂直】才可用。TrueType 字体的垂直定位不可用。

4)【宽度因子】：用来设置字符间距。输入小于 1.0 的值将压缩文字。输入大于 1.0 的值则扩大文字。

5)【倾斜角度】：用来设置文字的倾斜角。输入一个-85 和 85 之间的值以使文字倾斜。

注意：使用这一节中描述过效果的 TrueType 字体在屏幕上可能显示为粗体。屏幕显示不影响打印输出。字体按指定的字符格式打印。

(5)【置为当前】：将在【样式】下选定的样式设置为当前。

(6)【新建】：弹出【新建文字样式】对话框并自动为当前设置提供名称"样式 n"(其中 n 为所提供样式的编号)。可以采用默认值或在该框中输入名称，然后单击【确定】按钮使新样式名使用当前样式设置。

(7)【删除】：删除未使用的文字样式。

(8)【应用】：将对话框中所做的样式更改应用到当前样式和图形中具有当前样式的文字。

4.1.2 创建单行文字

命令执行方式及功能如下。

菜单栏：【绘图】→【文字】→【单行文字】

工具栏：【文字】工具栏中【单行文字】按钮 AI

命令行：DTEXT、TEXT 两个命令都可创建单行文字(快捷键 DT)

可以使用单行文字创建一行或多行文字，其中，每行文字都是独立的对象，可对其进行重定位、调整格式或进行其他修改。

命令执行过程如下。

命令：DT

当前文字样式：<当前> 当前文字高度：<当前> 注释性：<当前>

指定文字的起点或[对正(J)/样式(S)]：　　　　　(指定点或输入选项)

第一行提示信息说明当前文字样式以及字高度。

第二行中，"指定文字的起点"选项用于确定文字行的起点位置。用户响应后，AutoCAD 提示：

指定高度：　　　　　　　　　　　　　　(输入文字的高度值)

指定文字的旋转角度<0>：　　　　　　　(输入文字行的旋转角度)

而后，AutoCAD 在绘图屏幕上显示出一个表示文字位置的方框，用户在其中输入要标注的文字后，按两次 Enter 键，即可完成文字的标注。

命令行提示包括"指定文字的起点"、"对正"和"样式"3 个选项，其含义如下。

(1)指定文字的起点：为默认项，用来确定文字行基线的起点位置。

(2)对正：用来确定标注文字的排列及方向。

(3)样式:用来选择文字样式。

对于一些特殊符号,可以通过特殊的代码进行输入,见表 4.1。

表 4.1 特殊符号的代码表示

代码输入	字符	说明
%%%	%	百分号
%%c	φ	直径符号
%%p	±	正负公差符号
%%d	°	度
%%o	—	上画线
%%u	—	下画线

4.1.3 创建多行文字

命令执行方式及功能如下。

下拉菜单:【绘图】→【文字】→【多行文字】

工具栏:【文字】工具栏中【多行文字】按钮 A

命令行:MTEXT(快捷键 T)

命令多行文字对象包含一个或多个文字段落,可作为单一对象处理。可以通过输入或导入文字创建多行文字对象。

命令执行过程如下。

命令:MTEXT

指定第一角点:

在此提示下指定一点作为第一角点后,AutoCAD 继续提示:

指定对角点或[高度(H)/对正(J)/行距(L)/旋转(R)/样式(S)/宽度(W)/栏(C)]:

如果响应默认项,即指定另一角点的位置,AutoCAD 弹出图 4.2 所示的在位文字编辑器。

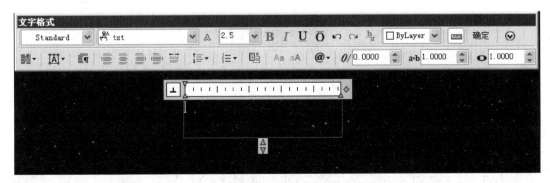

图 4.2 多行文字编辑器

在位文字编辑器由"文字格式"工具栏和水平标尺等组成，工具栏上有一些下拉列表框、按钮等。用户可通过该编辑器输入要标注的文字，并进行相关标注设置。

4.1.4 编辑文字

命令执行方式及功能如下。

下拉菜单：【修改】→【对象】→【文字】→【编辑】

命令行：DDEDIT

工具栏：【文字】工具栏中【编辑】按钮

定点设备：双击文字对象。

快捷菜单：选择文字对象，在绘图区域单击鼠标右键，弹出快捷菜单，选择【编辑】选项。

执行 DDEDIT 命令，AutoCAD 提示：

选择注释对象或[放弃(U)]：

此时应选择需要编辑的文字。标注文字时使用的标注方法不同，选择文字后 AutoCAD 给出的响应也不相同。如果所选择的文字是用 DTEXT 命令标注的，选择文字对象后，AutoCAD 会在该文字四周显示出一个方框，此时用户可直接修改对应的文字。

如果在"选择注释对象或[放弃(U)]"提示下选择的文字是用 MTEXT 命令标注的，AutoCAD 则会弹出在位文字编辑器，并在该对话框中显示出所选择的文字，供用户编辑、修改。

4.2 表格

表格是在行和列中包含数据的对象，可以从空表格或表格样式创建表格对象，也可以将表格链接至 Microsoft Excel 电子表格中的数据。表格创建完成后，用户可以单击该表格上的任意网格线以选中该表格，然后通过使用【特性】选项板或夹点来修改该表格。

4.2.1 创建表格样式

1. 命令执行方式及功能

下拉菜单：【格式】→【表格样式】

功能区：【注释】选项卡→【表格】面板→【表格样式】按钮

命令行：TABLESTYLE

工具栏：【样式】工具栏中【表格样式】按钮

执行 TABLESTYLE 命令，AutoCAD 弹出【表格样式】对话框，如图 4.3 所示，在这里可以创建表格样式。

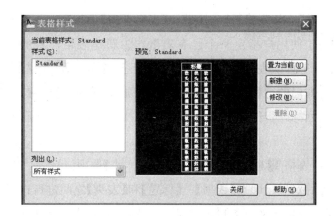

图 4.3 【表格样式】对话框

2. 选项说明

(1)【样式】：列出了满足条件的表格样式。

(2)【预览】：图片框中显示出表格的预览图像。

(3)【置为当前】和【删除】按钮分别用于将在【样式】列表框中选中的表格样式置为当前样式和删除选中的表格样式。

(4)【新建】、【修改】按钮分别用于新建表格样式和修改已有的表格样式。

如果单击【表格样式】对话框中的【新建】按钮，AutoCAD 弹出【创建新的表格样式】对话框，如图 4.4 所示。

通过对话框中的【基础样式】下拉列表选择基础样式，并在【新样式名】文本框中输入新样式的名称(如输入"表格1")后，单击【继续】按钮，AutoCAD 弹出【新建表格样式：表格1】对话框，如图 4.5 所示。

图 4.4 【创建新的表格样式】对话框

图 4.5 【新建表格样式：表格1】对话框

对话框中,左侧有【起始表格】选项区域、【表格方向】下拉列表框和预览图像框三部分。其中,【起始表格】用于使用户指定一个已有表格作为新建表格样式的起始表格。【表格方向】下拉列表框用于确定插入表格时的方向,有【向下】和【向上】两个选择,【向下】表示创建由上而下读取的表,即标题行和列标题行位于表的顶部;【向上】则表示将创建由下而上读取的表,即标题行和列标题行位于表的底部。预览图像框用于显示新创建表格样式的表格预览图像。

【新建表格样式:表格 1】对话框的右侧有【单元样式】选项区域等,用户可以通过对应的下拉列表确定要设置的对象,即在【数据】、【标题】和【表头】之间进行选择。

选项区域中,【常规】、【文字】和【边框】三个选项卡分别用于设置表格中的基本内容、文字和边框。

完成表格样式的设置后,单击【确定】按钮,AutoCAD 返回到【表格样式】对话框,并将新定义的样式显示在【样式】列表框中。单击该对话框中的【确定】按钮关闭对话框,完成新表格样式的定义。

4.2.2 插入表格

1. 命令执行方式及功能

下拉菜单:【绘图】→【表格】

功能区:【注释】选项卡→【表格】面板→【表格】按钮

工具栏:【绘图】工具栏中【表格】按钮

命令行:TABLE

执行 TABLE 命令后,AutoCAD 弹出【插入表格】对话框,如图 4.6 所示。

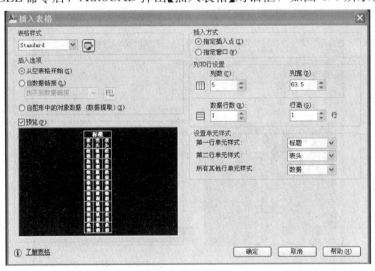

图 4.6 【插入表格】对话框

2. 选项说明

此对话框用于选择表格样式，设置表格的有关参数。

(1)【表格样式】：用于选择所使用的表格样式。

(2)【插入选项】：用于确定如何为表格填写数据。

(3)【预览】：用于预览表格的样式。

(4)【插入方式】：设置将表格插入到图形时的插入方式。

(5)【列和行设置】：用于设置表格中的行数、列数以及行高和列宽。

(6)【设置单元样式】：分别设置第一行、第二行和其他行的单元样式。

通过【插入表格】对话框确定表格数据后，单击【确定】按钮，而后根据提示确定表格的位置，即可将表格插入到图形，且插入后 AutoCAD 弹出【文字格式】工具栏，并将表格中的第一个单元格醒目显示，此时就可以向表格输入文字，如图 4.7 所示。

图 4.7 【文字格式】窗口

4.3 标注

尺寸标注是工程制图中重要的表达方式，利用 AutoCAD 2010 的尺寸标注命令，可以方便快速地标注图样中各种方向、各种形式的尺寸。对于建筑工程图，尺寸标注应符合相关规范的要求。

4.3.1 创建标注样式

尺寸标注样式(简称标注样式)用于设置尺寸标注的具体格式，如尺寸文字采用的样式，尺寸线、尺寸界线以及尺寸箭头的标注设置等，以满足不同行业或不同国家的尺寸标注要求。

一个完整的尺寸标注通常由尺寸界线、尺寸线、箭头和标注文字等要素组成，如图 4.8 所示。

(1)尺寸界线：表示从被标注的对象上偏移的一段距离，为了标注清晰，通常用尺寸界线将尺寸引到实体之外，有时也可用实体的轮廓线或中心线代替尺寸界线。

(2)尺寸线：表示从被标注的对象上偏移而得到的线。它表示标注的范围。

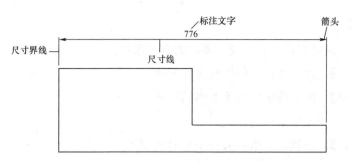

图 4.8 尺寸标注的构成

(3)箭头：表示标注尺寸线的两端，有两种形式，即箭头和斜线。箭头通常在机械制图中采用，斜线通常在建筑制图中采用。

(4)标注文字：表示测量值和标注类型的数字、参数、词汇和特殊符号等。通常情况下，标注文字应按标注字体书写，且同一张图上的字高要一致。

定义、管理标注样式的命令是 DIMSTYLE。执行 DIMSTYLE 命令，AutoCAD 弹出图 4.9 所示的【标注样式管理器】对话框。

图 4.9 【标注样式管理器】对话框

其中，【当前标注样式】标签显示出当前标注样式的名称。【样式】列表框用于列出已有标注样式的名称。【列出】下拉列表框确定要在【样式】列表框中列出哪些标注样式。【预览】图片框用于预览在【样式】列表框中所选中标注样式的标注效果。【说明】标签框用于显示在【样式】列表框中所选定标注样式的说明。【置为当前】按钮把指定的标注样式置为当前样式。【新建】按钮用于创建新标注样式。【修改】按钮则用于修改已有标注样式。【替代】按钮用于设置当前样式的替代样式。【比较】按钮用于对两个标注样式进行比较，或了解某一样式的全部特性。

在【标注样式管理器】对话框中单击【新建】按钮，AutoCAD 弹出如图 4.10 所示【创建新标注样式】对话框。

图 4.10 【创建新标注样式】对话框

通过该对话框中的【新样式名】文本框指定新样式的名称；通过【基础样式】下拉列表框确定用来创建新样式的基础样式；通过【用于】下拉列表框可确定新建标注样式的适用范围，其有【所有标注】、【线性标注】、【角度标注】、【半径标注】、【直径标注】、【坐标标注】和【引线和公差】等选择项，分别用于使新样式适于对应的标注。确定新样式的名称和有关设置后，单击【继续】按钮，AutoCAD 弹出【新建标注样式】对话框，如图 4.11 所示。

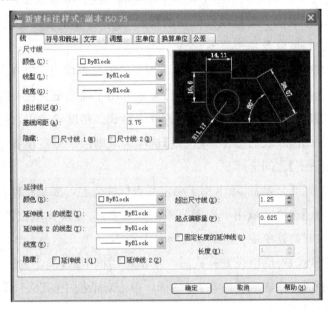

图 4.11 【新建标注样式】对话框

(1)【线】选项卡。设置尺寸线和尺寸界线的格式与属性。图 4.11 为与【直线】选项卡对应的对话框。选项卡中，【尺寸线】选项区域用于设置尺寸线的样式。【延伸线】选项区域用于设置尺寸界线的样式。预览窗口可根据当前的样式设置显示出对应的标注效果示例。

(2)【符号和箭头】选项卡。【符号和箭头】选项卡用于设置尺寸箭头、圆心标记、弧长符号以及半径标注折弯方面的格式。【符号和箭头】选项卡中，【箭头】选项区域用于确定尺寸线两端的箭头样式。【圆心标记】选项区域用于确定当对圆或圆弧执行标注圆心标记操作时，圆心标记的类型与大小。【折断标注】选项区域用于确定在尺寸线或延伸线与其他线重叠处打断尺寸线或延伸线时的尺寸。【弧长符号】选项区域用于为圆弧标注长度尺寸时的设置。【半径折弯标注】选项区域通常用于标注尺寸的圆弧的中心点位于较远位置时。【线性折弯标注】选项区域用于线性折弯标注设置。

(3)【文字】选项卡。此选项卡用于设置尺寸文字的外观、位置以及对齐方式等。【文字】选项卡中,【文字外观】选项区域用于设置尺寸文字的样式等。【文字位置】选项区域用于设置尺寸文字的位置。【文字对齐】选项区域则用于确定尺寸文字的对齐方式。

(4)【调整】选项卡。此选项卡用于控制尺寸文字、尺寸线以及尺寸箭头等的位置和其他一些特征。【调整选项】选项区域确定当尺寸界线之间没有足够的空间同时放置尺寸文字和箭头时,应首先从尺寸界线之间移出尺寸文字和箭头的哪一部分,用户可通过该选项区域中的各单选按钮进行选择。【文字位置】选项区域确定当尺寸文字不在默认位置时,应将其放在何处。【标注特征比例】选项区域用于设置所标注尺寸的缩放关系。【优化】选项区域用于设置标注尺寸时是否进行附加调整。

(5)【主单位】选项卡。此选项卡用于设置主单位的格式、精度以及尺寸文字的前缀和后缀。【线性标注】选项区域用于设置线性标注的格式与精度。【角度标注】选项区域确定标注角度尺寸时的单位、精度以及是否消零。

(6)【换算单位】选项卡。【换算单位】选项卡用于确定是否使用换算单位以及换算单位的格式。【换算单位】选项卡中,【显示换算单位】复选框用于确定是否在标注的尺寸中显示换算单位。【换算单位】选项区域确定换算单位的单位格式、精度等设置。【消零】选项区域确定是否消除换算单位的前导或后续零。【位置】选项区域则用于确定换算单位的位置,用户可在【主值后】与【主值下】之间选择。

(7)【公差】选项卡。【公差】选项卡用于确定是否标注公差,如果标注公差,以何种方式进行标注。【公差格式】选项区域用于确定公差的标注格式。【换算单位公差】选项区域用于确定当标注换算单位时换算单位公差的精度与是否消零。

利用【新建标注样式】对话框设置样式后,单击对话框中的【确定】按钮,完成样式的设置,AutoCAD 返回到【标注样式管理器】对话框,单击对话框中的【关闭】按钮关闭对话框,完成尺寸标注样式的设置。

4.3.2 创建尺寸标注

在 AutoCAD 2010 中,提供了多种尺寸标注命令,通过这些命令,用户可以准确、快速地绘图。

1. 线性标注

(1)命令执行方式及功能。

下拉菜单:【标注】→【线性】

功能区:【注释】选项卡→【标注】面板→【线性】按钮

工具栏：【标注】工具栏中【线性】按钮

命令行：DIMLINEAR

执行 DIMLINEAR 命令，AutoCAD 提示：

指定第一条延伸线原点或<选择对象>：

在此提示下，用户有两种选择，即确定一点作为第一条尺寸界线的起始点或直接按 Enter 键选择对象。

线性标注指标注图形对象在水平方向、垂直方向或指定方向的尺寸，又分为水平标注、垂直标注和旋转标注三种类型。水平标注用于标注对象在水平方向的尺寸，即尺寸线沿水平方向放置；垂直标注用于标注对象在垂直方向的尺寸，即尺寸线沿垂直方向放置；旋转标注则标注对象沿指定方向的尺寸。

(2)选项说明。

1)指定第一条延伸线原点。如果在"指定第一条延伸线原点或<选择对象>"提示下指定第一条尺寸界线的起始点，AutoCAD 提示：

指定第二条延伸线原点： (确定另一条尺寸界线的起始点位置)

指定尺寸线位置或[多行文字(M)/文字(T)/角度(A)/水平(H)/垂直(V)/旋转(R)]：

其中，"指定尺寸线位置"选项用于确定尺寸线的位置。通过拖动鼠标的方式确定尺寸线的位置后，单击"拾取"键，AutoCAD 根据自动测量出的两尺寸界线起始点间的对应距离值标注出尺寸。

"多行文字"选项用于根据文字编辑器输入尺寸文字。"文字"选项用于输入尺寸文字。"角度"选项用于确定尺寸文字的旋转角度。"水平"选项用于标注水平尺寸，即沿水平方向的尺寸。"垂直"选项用于标注垂直尺寸，即沿垂直方向的尺寸。"旋转"选项用于旋转标注，即标注沿指定方向的尺寸。

2)选择对象。如果在"指定第一条延伸线原点或<选择对象>"提示下直接按 Enter 键，即执行"选择对象"选项，AutoCAD 提示：

选择标注对象：

此提示要求用户选择要标注尺寸的对象。用户选择后，AutoCAD 将该对象的两端点作为两条尺寸界线的起始点，并提示：

指定尺寸线位置或[多行文字(M)/文字(T)/角度(A)/水平(H)/垂直(V)/旋转(R)]：

对此提示的操作与前面介绍的操作相同，用户响应即可。

2. 对齐标注

对齐标注指所标注尺寸的尺寸线与两条尺寸界线起始点间的连线平行。

命令执行方式及功能如下。

下拉菜单：【标注】→【对齐】

功能区：【注释】选项卡→【标注】面板→【对齐】按钮

工具栏：【标注】工具栏中【对齐】按钮

命令行：DIMALIGNED

执行 DIMALIGNED 命令，AutoCAD 提示：

指定第一条延伸线原点或<选择对象>：

在此提示下的操作与标注线性尺寸类似，不再介绍。

3. 角度标注

角度标注用来标注角度尺寸。

命令执行方式及功能如下。

下拉菜单：【标注】→【角度】

功能区：【注释】选项卡→【标注】面板→【角度】按钮

工具栏：【标注】工具栏中【角度】按钮

命令行：DIMANGULAR

执行 DIMANGULAR 命令，AutoCAD 提示：

选择圆弧、圆、直线或<指定顶点>：

其中，"标注圆弧的包含角"选项用于标注圆弧的包含角尺寸。"标注圆上某段圆弧的包含角"选项标注圆上某段圆弧的包含角。"标注两条不平行直线之间的夹角"选项标注两条直线之间的夹角。"根据三个点标注角度"选项则根据给定的三点标注出角度。

4. 直径标注

直径标注是为圆或圆弧标注直径尺寸。

命令执行方式及功能如下。

下拉菜单：【标注】→【直径】

功能区：【注释】选项卡→【标注】面板→【直径】按钮

工具栏：【标注】工具栏中【直径】按钮

命令行：DIMDIAMETER

执行 DIMDIAMETER 命令，AutoCAD 提示：

选择圆弧或圆：   (选择要标注直径的圆弧或圆)

指定尺寸线位置或[多行文字(M)/文字(T)/角度(A)]：

如果在该提示下直接确定尺寸线的位置，AutoCAD 按实际测量值标注出圆或圆弧的直径。也可以通过"多行文字(M)"、"文字(T)"以及"角度(A)"选项确定尺寸文字和尺寸文字的旋转角度。

5. 半径标注

半径标注用来为圆或圆弧标注半径尺寸。

命令执行方式及功能如下。

下拉菜单：【标注】→【半径】

功能区：【注释】选项卡→【标注】面板→【半径】按钮

工具栏：【标注】工具栏中【半径】按钮

命令行：DIMRADIUS

执行 DIMRADIUS 命令，AutoCAD 提示：

选择圆弧或圆： (选择要标注半径的圆弧或圆)

指定尺寸线位置或[多行文字(M)/文字(T)/角度(A)]：

根据需要响应即可。

6. 弧长标注

弧长标注用来为圆弧标注长度尺寸。

命令执行方式及功能如下。

下拉菜单：【标注】→【弧长】

功能区：【注释】选项卡→【标注】面板→【弧长】按钮

工具栏：【标注】工具栏中【弧长】按钮

命令行：DIMARC

执行 DIMARC 命令，AutoCAD 提示：

选择弧线段或多段线弧线段： (选择圆弧段)

指定弧长标注位置或[多行文字(M)/文字(T)/角度(A)/部分(P)/引线(L)]：

根据需要响应即可。

7. 折弯标注

折弯标注用来为圆或圆弧创建折弯标注。

命令执行方式及功能如下。

下拉菜单：【标注】→【折弯】

功能区：【注释】选项卡→【标注】面板→【折弯】按钮

工具栏：【标注】工具栏中【折弯】按钮

命令行：DIMJOGGED

执行 DIMJOGGED 命令，AutoCAD 提示：

选择圆弧或圆： (选择要标注尺寸的圆弧或圆)

指定图示中心位置： (指定折弯半径标注的新中心点，以替代圆弧或圆的实际中心点)

指定尺寸线位置或[多行文字(M)/文字(T)/角度(A)]：

(确定尺寸线的位置，或进行其他设置)

指定折弯位置： (指定折弯位置)

根据需要响应即可。

8. 连续标注

连续标注指在标注出的尺寸中，相邻两尺寸线共用同一条尺寸界线。

命令执行方式及功能如下。

下拉菜单：【标注】→【连续】

功能区：【注释】选项卡→【标注】面板→【连续】按钮

工具栏：【标注】工具栏中【连续】按钮

命令行：DIMCONTINUE

执行 DIMCONTINUE 命令，AutoCAD 提示：

指定第二条延伸线原点或[放弃(U)/选择(S)]<选择>：

(1)指定第二条延伸线原点。确定下一个尺寸的第二条尺寸界线的起始点。用户响应后，AutoCAD 按连续标注方式标注出尺寸，即把上一个尺寸的第二条尺寸界线作为新尺寸标注的第一条尺寸界线标注尺寸，而后 AutoCAD 继续提示：

指定第二条延伸线原点或[放弃(U)/选择(S)]<选择>：

此时可再确定下一个尺寸的第二条尺寸界线的起点位置。当用此方式标注出全部尺寸后，在上述同样的提示下按 Enter 键两次或 Space 键，结束命令的执行。

(2)选择。该选项用于指定连续标注将从哪一个尺寸的尺寸界线引出。执行该选项，AutoCAD 提示：

选择连续标注：

在该提示下选择尺寸界线后，AutoCAD 会继续提示：

指定第二条延伸线原点或[放弃(U)/选择(S)]<选择>：

在该提示下标注出的下一个尺寸会以指定的尺寸界线作为其第一条尺寸界线。执行连续尺寸标注时，有时需要先执行"选择(S)"选项来指定引出连续尺寸的尺寸界线。

9. 基线标注

基线标注指各尺寸线从同一条尺寸界线处引出。

命令执行方式及功能如下：

下拉菜单：【标注】→【基线】

功能区：【注释】选项卡→【标注】面板→【基线】按钮

工具栏：【标注】工具栏中【基线】按钮

命令行：DIMBASELINE

执行 DIMBASELINE 命令，AutoCAD 提示：

指定第二条延伸线原点或[放弃(U)/选择(S)]<选择>：

(1)指定第二条延伸线原点。确定下一个尺寸的第二条尺寸界线的起始点。确定后 AutoCAD 按基线标注方式标注出尺寸，而后继续提示：

指定第二条延伸线原点或[放弃(U)/选择(S)]<选择>：

此时可再确定下一个尺寸的第二条尺寸界线起点位置。用此方式标注出全部尺寸后，在同样的提示下按 Enter 键两次或 Space 键，结束命令的执行。

(2)选择(S)。该选项用于指定基线标注时作为基线的尺寸界线。执行该选项，AutoCAD 提示：

选择基准标注：

在该提示下选择尺寸界线后，AutoCAD 继续提示：

指定第二条延伸线原点或[放弃(U)/选择(S)]<选择>：

在该提示下标注出的各尺寸均从指定的基线引出。执行基线尺寸标注时，有时需要先执行"选择(S)"选项来指定引出基线尺寸的尺寸界线。

10. 绘圆心标记

绘圆心标记是为圆或圆弧绘圆心标记或中心线。

命令执行方式及功能如下：

下拉菜单：【标注】→【圆心标记】

功能区：【注释】选项卡→【标注】面板→【圆心标记】按钮 ⊕

工具栏：【标注】工具栏中【圆心标记】按钮 ⊕

命令行：DIMCENTER

执行 DIMCENTER 命令，AutoCAD 提示：

选择圆弧或圆：

在该提示下选择圆弧或圆即可。

4.3.3 尺寸标注编辑

1. 修改尺寸文字

修改已有尺寸的尺寸文字。在命令提示行输入 DDEDIT 即可执行 DDEDIT 命令，AutoCAD 提示：

选择注释对象或[放弃(U)]：

在该提示下选择尺寸，AutoCAD 弹出【文字编辑器】工具栏，并将所选择尺寸的尺寸文字设置为编辑状态，用户可直接对其进行修改，如修改尺寸值、修改或添加公差等。

2. 修改尺寸文字的位置

修改已标注尺寸的尺寸文字的位置。

命令执行方式及功能如下：

功能区：【注释】选项卡→【标注】面板→编辑文字标注的按钮

工具栏：【标注】工具栏中编辑文字标注的按钮

命令行：DIMTEDIT

执行 DIMTEDIT 命令，AutoCAD 提示：

选择标注： (选择尺寸)

为标注文字指定新位置或[左对齐(L)/右对齐(R)/居中(C)/默认(H)/角度(A)]：

"为标注文字指定新位置"选项用于确定尺寸文字的新位置,通过鼠标将尺寸文字拖动到新位置后单击拾取键即可;"左对齐(L)"和"右对齐(R)"选项仅对非角度标注起作用,它们分别决定尺寸文字是沿尺寸线左对齐还是右对齐;"居中(C)"选项可将尺寸文字放在尺寸线的中间;"默认(H)"选项将按默认位置、方向放置尺寸文字;"角度(A)"选项可以使尺寸文字旋转指定的角度。

3. 用 DIMEDIT 命令编辑尺寸

DIMEDIT 命令用于编辑已有尺寸。利用【标注】工具栏上的(编辑标注)按钮可启动该命令。执行 DIMEDIT 命令,AutoCAD 提示:

输入标注编辑类型[默认(H)/新建(N)/旋转(R)/倾斜(O)]<默认>:

"默认(H)"选项会按默认位置和方向放置尺寸文字。"新建(N)"选项用于修改尺寸文字。"旋转(R)"选项可将尺寸文字旋转指定的角度。"倾斜(O)"选项可使非角度标注的尺寸界线旋转一角度。

4. 翻转标注箭头

更改尺寸标注上每个箭头的方向。具体操作是:首先选择要改变方向的箭头,然后在绘图区域单击鼠标右键,从弹出的快捷菜单中选择【翻转箭头】命令,即可实现尺寸箭头的翻转。

5. 调整标注间距

用户可以调整平行尺寸线之间的距离。

命令执行方式及功能如下:

下拉菜单:【标注】→【标注间距】

功能区:【注释】选项卡→【标注】面板→【调整间距】按钮

工具栏:【标注】工具栏中【调整间距】按钮

命令行:DIMSPACE

执行 DIMSPACE 命令,AutoCAD 提示:

选择基准标注: (选择作为基准的尺寸)

选择要产生间距的标注: (依次选择要调整间距的尺寸)

选择要产生间距的标注: (按 Enter 键)

输入值或[自动(A)]<自动>:

如果输入距离值后按 Enter 键,AutoCAD 调整各尺寸线的位置,使它们之间的距离值为指定的值。如果直接按 Enter 键,AutoCAD 会自动调整尺寸线的位置。

本章小结

本章介绍了 AutoCAD 2010 的文字标注功能和表格功能。由于在表格中一般要填写文字,所以将表格这部分内容放在了本章介绍。文字是工程图中必不可少的内容。AutoCAD 2010 提供了用于标注文字的 DTEXT 命令和 MTEXT 命令。通过前面的介绍可以看出,由 MTEXT 命令引出的在位文字编辑器与一般文字编辑器有相似之处,不仅可用于输入要标注的文字,而且还可以方便地进行各种标注设置、插入特殊符号等,同时还能够随时设置所标注文字的格式,不再受当前文字样式的限制。因此,建议读者尽可能用 MTEXT 命令标注文字。

利用 AutoCAD 2010 的表格功能,用户可以基于已有的表格样式,通过指定表格的相关参数(如行数、列数等)将表格插入到图形中;可以通过快捷菜单编辑表格。同样,插入表格时,如果当前已有的表格样式不符合要求,则应首先定义表格样式。

与标注文字一样,如果 AutoCAD 提供的尺寸标注样式不满足标注要求,那么在标注尺寸之前,应首先设置标注样式。当以某一样式标注尺寸时,应将该样式置为当前样式。AutoCAD 将尺寸标注分为线性标注、对齐标注、直径标注、半径标注、连续标注、基线标注和引线标注等多种类型。标注尺寸时,首先应清楚要标注尺寸的类型,然后执行对应的命令,再根据提示操作即可。此外,利用 AutoCAD 2010,用户可以方便地为图形标注尺寸公差和形位公差,可以编辑已标注的尺寸与公差。

利用参数化功能,可以为图形对象建立几何约束和标注约束,能够实现尺寸驱动,即当改变图形的尺寸参数后,图形会自动发生相应变化。

习 题

1. 请列出创建角度尺寸标注的具体方法。
2. 在 AutoCAD 中,用户能对尺寸标注进行哪些编辑?
3. 在"修改标注样式"对话框中,可以进行哪些操作?
4. 如何创建新的标注样式?

第 5 章 绘制建筑平面图

> **本章要点**

1. 建筑平面图的形成与主要内容；
2. AutoCAD 2010 基本绘图方式；
3. 轴线、墙体、门窗、阳台、楼梯等绘图方法；
4. 尺寸标注和文字说明的方法。

本章在前述章节基础上，详细介绍建筑平面图的绘制方法。

5.1 建筑平面图基础

5.1.1 建筑平面图的绘制内容及规定

建筑平面图的形成，是将房屋或建筑物用一假想的水平剖切平面沿门窗洞口剖切后，移去剖切面及其以上部分，将剩下的部分按照正投影的原理，投射在水平投影面上，最终所得的平面图形称为平面图。

平面图主要显示建筑物的平面布置情况，包括建筑物的平面形状、大小、空间的布置，还包括墙或柱所在的位置、大小、厚度等，同时表示出门窗的类型和位置等情况。建筑平面图是施工图中最为重要的图形之一。

一般来说，建筑平面图包括底层平面图、标准层平面图、顶层平面图和屋顶平面图。底层平面图指沿底层门窗洞口剖切得到的平面图，也称为首层平面图或者一层平面图。标准层平面图的产生，是因为在多层和高层建筑物中，会出现中间几层剖切后得到的图形是一样的，这样仅仅画出一层的平面图就可以代表其他各个楼层的平面图，将此图作为代表层的平面图称为标准层平面图。顶层平面图指沿建筑物最上一层的门窗洞口剖切开得到的平面图。屋顶平面图指将建筑物按照正投影的原理，直接从上向下进行投射的平面图。

建筑平面图中通常包括以下内容。

1. 建筑物朝向及建筑物的内部布置

建筑物朝向的反映，一般在底层平面图上画出指北针或风玫瑰图，借此来判断建筑物的朝向。指北针的画法，在《房屋建筑制图统一标准》中规定用细线绘制，形状如图 5.1 所示。指北针的圆直径为

图 5.1 指北针

24 mm，尾部宽为 3 mm，指针指向正北方，标记为"北"或"N"。若需要放大指北针直径，则尾部宽度根据直径的放大比例进行放大。

同时，剖面图的剖切符号也应标注在底层平面图中。

建筑物的内部布置应包括各种房间的分布及相互关系，入口、走道、楼梯位置等，并标注房间的名称和门、窗编号。

2. 定位轴线及编号

建筑物的主要承重构件位置，如墙、柱或梁的位置，都要用轴线来定位。《房屋建筑制图统一标准》规定用细长点画线绘制轴线。轴线的编号应写在轴线端部的圆圈内，且圆心位于轴线延长线上或轴线延长线的折线上，一般圆圈的直径为 8 mm，详图时直径为 10 mm。横向编号用阿拉伯数字标写，按从左至右顺序；纵向编号用大写英文字母标写，按从前至后(从下至上)顺序，如图 5.2(a)所示。并且为避免与数学 1、0、2 相混淆，英文字母 I、O、Z 不能用于轴线号。平面图上的定位轴线编号宜在图形的下方及左侧标注，也可对称标注，但不可标注在图形的墙体内和图纸的绘图框外。

有些时候还需要标注附加轴线。附加轴线编号用分数表示，两根主要轴线之间的附加轴线，分母表示前一根轴线的编号，分子表示附加轴线的编号，如图 5.2(b)所示。

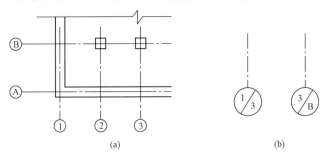

图 5.2 轴线标注方法

(a)定位轴线及其编号；(b)附加轴线

3. 建筑物的墙体与柱

建筑物的墙体是建筑平面图的主要部分之一，应按照轴线的图上位置依次绘制。绘制时，注意墙体的宽度按照设计要求进行绘制，如二四墙(240 mm)、三七墙(370 mm)等，并且墙体的中心线一般与轴线相重合，但三七墙和部分高层建筑物的墙体除外。

柱在平面图中，以涂黑的矩形来表示，其矩形的尺寸应按照比例来表示，柱的周边尺寸，一般位于墙体的交叉处和设置构造柱的位置，如图 5.3 所示。

4. 建筑物的尺寸与标高

建筑平面图中用轴线和尺寸线表示各部分的长、宽尺寸

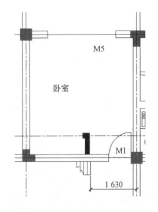

图 5.3 墙与柱绘制示例

与准确位置。平面图中外部尺寸一般分三层尺寸标注：最外一层标注为外包尺寸，表示建筑物的总长度和总宽度；中间一层标注是轴线间距，表示开间和进深；最里一层标注为细部尺寸，表示门窗洞口、孔洞、墙体等细部的详细尺寸。同时，在平面图内还应标注内部尺寸，表明室内的门窗洞、孔洞、墙体及固定设备的大小和位置，在首层平面图上还需要标注室外台阶、花池和散水等局部尺寸。

在各层平面图上还应标注楼地面标高，表示各层楼地面距离相对标高点（正负零）的高差，一般首层地面的标高为±0.000。

5. 门、窗代号

"M"表示门，"C"表示窗，并用阿拉伯数字编号，如 M1、M2、M3、C1、C2、C3 等，同一编号代表同一类型的门或窗。若采用标注图集中的门窗，应标注图集编号及图号。

从门窗编号中可知门窗共多少种，一般情况下，在本页图纸上或前面图纸上附有门窗表，表明门窗的编号、名称、洞口尺寸、数量等内容。

6. 楼梯

在平面图中，由于建筑平面图的比例小，因此楼梯只能在平面图中示意出楼梯的投影情况，一般只表示出楼梯在建筑中的平面位置、开间和进深，楼梯的上下方向及上一层楼的步数。楼梯的细部会在楼梯详图标明。

7. 附属设施

根据建筑物的不同使用要求，有些时候会在建筑物的内部设置壁柜、吊柜、厨房设备、卫生间设备等，在建筑物外部还设有散水、台阶、雨水管等附属设施。附属设施绘制时，只在平面图中表示出平面位置，具体做法查询相应的图集或详图。

5.1.2 建筑平面图绘制步骤

绘制建筑平面图时，要求按照一定的步骤，做到节约时间并能最大限度地绘制准确。一般来说，建筑平面图的绘制步骤包括以下几个环节。

(1)设置图层：根据图纸的需要，设置轴线、轴线编号、墙体、门窗、楼梯、室内标注、尺寸标注、说明等图层，并根据实际情况添加其他类型的图层。

(2)绘制中轴线与轴线编号：采用点画线，依据横向轴线和纵向轴线的间距，多采用偏移命令进行绘制。轴线编号绘制时，采用【绘图】→【块】→【定义属性】的方法绘制。

(3)设置多线样式：绘制墙体时，用【多线】命令可以快速绘制。

(4)多线绘制墙体：采用轴线的交叉点作为墙体的起点和终点，绘制墙体。

(5)编辑多线：打通墙体或截断墙体，对图上墙体进行修整。

(6)分解多线：对于有些墙体，采用已有的多线编辑命令不能有效修整墙体，因此需要分解多线，然后用剪切、延伸等命令绘制。

(7)绘制楼梯：绘制楼梯的平面图。

(8)门窗开窗洞与门窗绘制:门窗在平面图位置位于墙体内,因此在墙体绘制完成后,"打断"墙体绘制门和窗,其中窗在绘制时,可采用定义"块"的方法。

(9)说明:编写图纸文字说明部分。

(10)填充:柱、填充墙、建筑材料表示等部分进行填充。

(11)标注:进行图纸的三层尺寸标注。

上述内容绘制完成后,检查校正后完成图纸的绘制。

5.1.3 设置绘图环境

在绘制之前,设置所需的绘图环境,利于快速绘图并减少后期更改时不必要的返工。一般来说,绘图环境包括线型的设置;加载更多的线型;添加图层、颜色、名称、线型;调整墙体线宽;设置文字样式等。

(1)线形的设置:执行【格式】→【线宽】命令打开【线宽设置】对话框,选择设定宽度并选择【显示线宽】单选框,如图5.4所示。

(2)加载更多的线型:执行【格式】→【线型】命令打开【线型管理器】对话框,在对话框中单击【加载】按钮,弹出【加载或重载线型】对话框,选择需要的线型,包括点画线等,如图5.5所示。

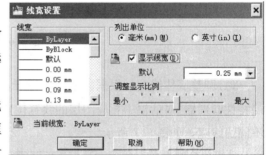

图5.4 【线宽设置】对话框

图5.5 加载或重载线型

(3)添加图层、颜色、名称、线型:如图5.6所示,执行【格式】→【图层】命令,弹出【图层特性管理器】对话框,设置所需要的图层。

图 5.6 图层设置

(4)调整墙体线宽：根据国家制图标准，以不同的线宽表示图形上的主次关系。在【图层特性管理器】对话框中相应图层的线宽位置单击鼠标，弹出【线宽】对话框，设置所需要的不同的线宽，如图 5.7 所示。

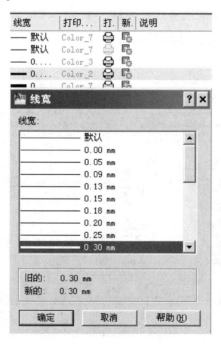

图 5.7 线宽调整

(5)设置图形界限：执行【格式】→【图形界限】命令，或在命令行中直接输入 LIMITS 并按 Enter 键，指定左下角点或直接按 Enter 键，再输入"84100，59400"并按 Enter 键，随后执行【视图】→【缩放】→【全部】命令，把新设置的图形界限全部显示在当前窗口中，如下所示。

命令：limits

重新设置模型空间界限：

指定左下角点或[开(ON)/关(OFF)]<0.0000, 0.0000>：

指定右上角点<420.0000, 297.0000>：84100, 59400

(6)设置图形单位和精度格式：按图5.8(a)所示执行【格式】→【单位】命令，弹出【图形单位】对话框，如图5.8(b)所示。单位精度更改为0.0，单位为毫米，保留小数点，也可在尺寸标注时检验图形绘制是否正确。

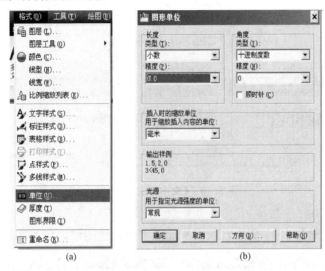

图5.8 图形单位和精度设置

(7)设置线型比例：执行【格式】→【线型】命令打开【线型管理器】对话框，在对话框中单击【显示细节】按钮，查看线型是否为1.0，如图5.9所示。

图5.9 线型比例设定

(8)设置文字样式:建筑制图中,文字样式采用"仿宋"字体。执行【格式】→【文字样式】命令,打开【文字样式】对话框(图 5.10),取消选中【使用大字体】复选框,在【字体名】下拉列表框中选择"仿宋 GB_2312",更改文字高度为 400,如图 5.10 所示。通常不设置字体大小,因为在【文字样式】对话框中设置文字高度,会使整个文本的文字高度一致且不变,故字体大小在【单行文字】、【多行文字】、【尺寸标注样式】等不同命令下设置,同一文本可具有多个文字高度。

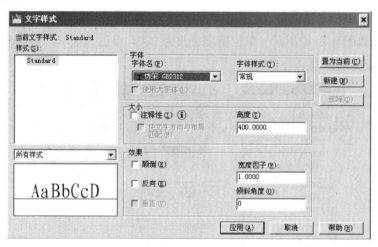

图 5.10 【文字样式】对话框

(9)设置图层:如图 5.11 所示,依据平面图需要设置图层,更改图层名称。

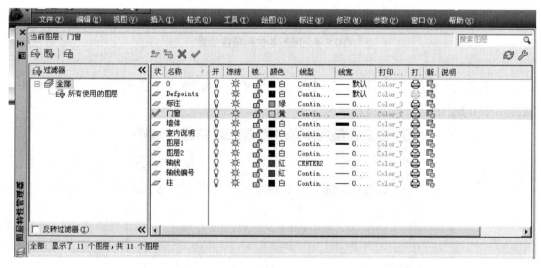

图 5.11 图层的图名设置

5.1.4 绘制轴线网

绘制中轴线,在轴线图层状态下,执行【绘图】→【构造线】(通常使用【直线】命令绘制一直线段)命令,在绘图区单击并拖曳,最后按 Esc 退出命令,绘制一条水平的构造线(直线段),向下依次【偏移】水平构造线的距离为 800、600、600、2 100、900、2 100、2 100、4 200,得到纵向轴线,如图 5.12 所示;绘制一条垂直的构造线(直线段),用【偏移】命令向右偏移距离为 1 200、1 500、1 200、600、2 100、3 500、1 000、1 400、1 400、1 000、3 500、2 100、600、1 200、1 500、1 200,按顺序得到由①～⑲横向轴线,如图 5.13 所示。

在轴线网绘制完成后,在"轴线编号"图层状态下绘制轴线编号。

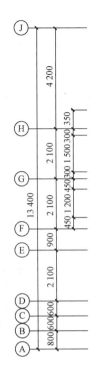

图 5.12 纵向轴线图

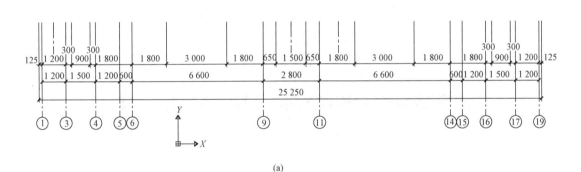

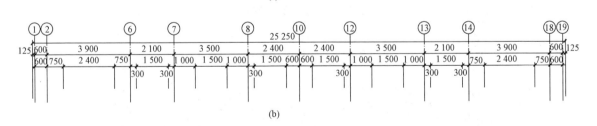

图 5.13 横向轴线图

(a)下侧;(b)上侧

5.1.5 绘制建筑的墙体

先设置多线样式：执行【格式】→【多线样式】命令，打开【多线样式】对话框，在对话框中单击【新建】按钮，弹出【创建新的多线样式】对话框，在对话框中重新命名所绘多线的样式名称，如所绘墙体为 240 墙体（图 5.14）；然后单击【继续】按钮进行修改，如图 5.15 所示。

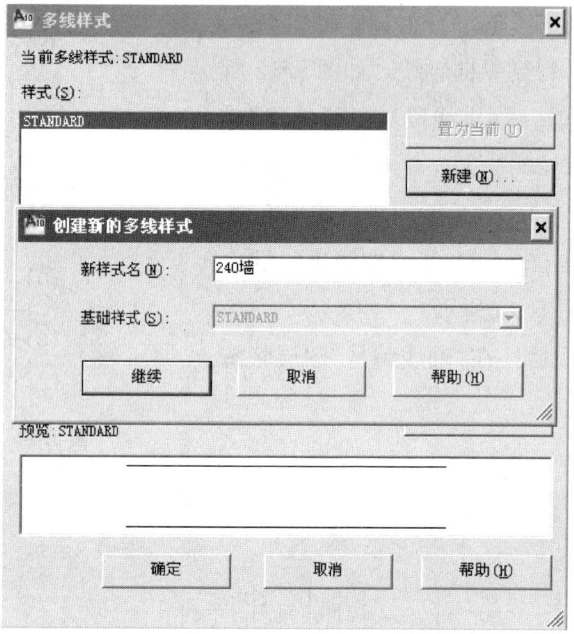

图 5.14 新建多线样式

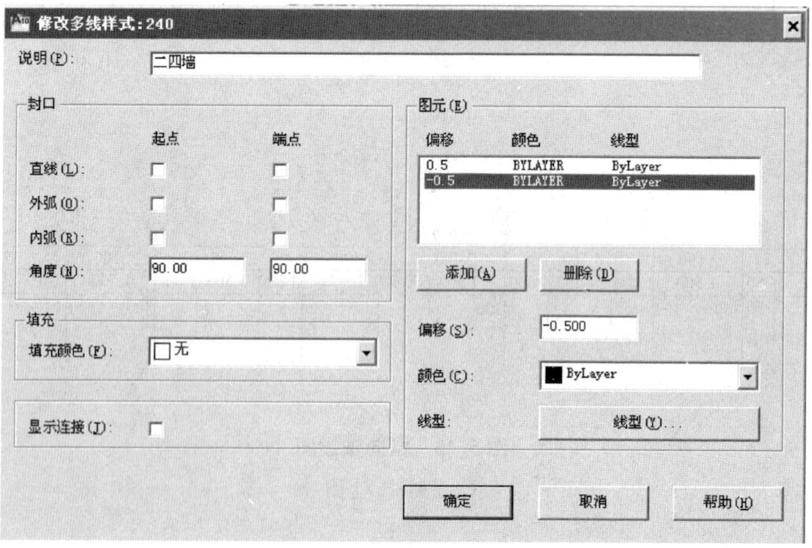

图 5.15 设置多线样式

依据图纸绘制墙体,选择各个轴线的交点作为墙体绘制的起点或终点,从左侧向右侧依次绘制。绘制过程中,可以单击图层工具栏中轴线图层"灯泡",关闭此图层。具体的命令行如下。

命令：mline

当前设置：对正=上,比例=130.00,样式=240墙

指定起点或[对正(J)/比例(S)/样式(ST)]：j

输入对正类型[上(T)/无(Z)/下(B)]<上>：z

当前设置：对正=无,比例=130.00,样式=240墙

指定起点或[对正(J)/比例(S)/样式(ST)]：s

输入多线比例<130.00>：240

当前设置：对正=无,比例=240.00,样式=240墙

指定起点或[对正(J)/比例(S)/样式(ST)]：

指定下一点：

在所有的轴线交点连接完成后,执行【修改】→【对象】→【多线】命令,打开【多线编辑工具】对话框,在对话框中选择【角点结合】或【T形闭合】等选项,如图5.16所示。在绘图区修改两条相交多线后,按Esc键退出,重复修改,选中夹点并拖曳位置,从而修整墙体。

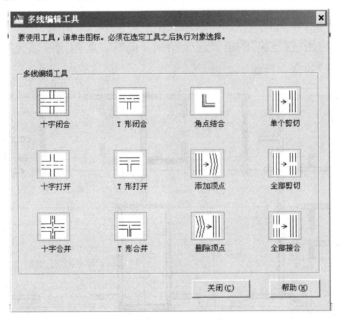

图 5.16 多线的修改

最终得到的墙体整体图形如图5.17所示。

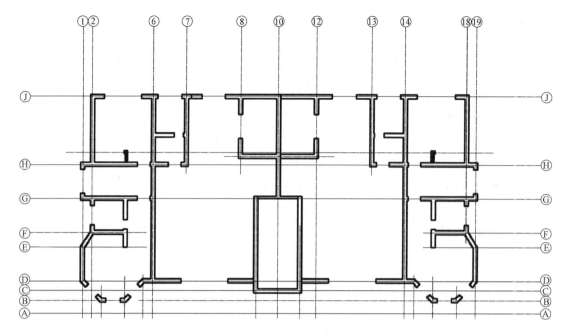

图 5.17 墙体整体绘制效果

5.1.6 绘制柱子

在墙体绘制完成的基础上选择"柱"图层,依据图纸绘制。先独立绘制一个 400×400 矩形,然后填充,可应用"创建块"的模式逐个绘制。同时,将构筑墙填充在图上,如图 5.18 所示。绘制单个"柱"的命令行如下。

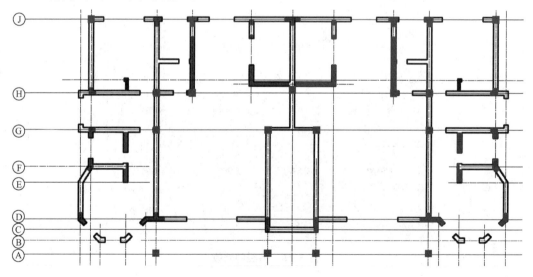

图 5.18 柱的绘制效果

命令: polygon

输入边的数目<4>:

指定正多边形的中心点或[边(E)]:

输入选项[内接于圆(I)/外切于圆(C)]<I>: I

指定圆的半径: 400

命令: bhatch

系统弹出【图案填充和渐变色】对话框,在对话框内选择适当的填充图案后,在【边界】选项区域中单击【添加:拾取点】按钮,系统临时关闭对话框,并在命令行中提示如下:

拾取内部点或[选择对象(S)/删除边界(B)]: （单击矩形内部任一点）

正在选择所有可见对象…

正在分析所选数据…

正在分析内部孤岛…

拾取内部点或[选择对象(S)/删除边界(B)]: （按Enter键返回[图案填充和渐变色]对话框）

在【图案填充和渐变色】对话框中单击【确定】按钮,从而绘制单个柱。

5.1.7 绘制门窗

首先将墙体打断开窗洞（执行【绘图】→【直线】→【修改】→【偏移】命令），再左右【修剪】,执行【直线】命令垂直绘制并取墙体的厚度为高(可在同一处绘制两条直线段,在直线段偏移后,所留下的直线段与偏移后的直线段用来修剪墙体),直线段偏移时,偏移距离为门的宽度。切换到"门窗"图层绘图,直线长度600,圆弧采用【起点、端点、角度】方式绘制,角度90°。重复绘出其他门。绘制M1的命令行如下。

命令: line 指定第一点: （轴线⑥与轴线Ⓗ左侧墙体的上部点）

指定下一点或[放弃(U)]: （单击轴线⑥与轴线Ⓗ左侧墙体的下部点）

指定下一点或[放弃(U)]: （按Enter键）

命令: offset

当前设置: 删除源=否 图层=源 OFFSETGAPTYPE=0

指定偏移距离或[通过(T)/删除(E)/图层(L)]<800>: 800

选择要偏移的对象,或[退出(E)/放弃(U)]<退出>:

（上述绘制的直线段）

指定要偏移的那一侧上的点,或[退出(E)/多个(M)/放弃(U)]<退出>:

（按Enter键）

命令: trim

当前设置: 投影=UCS, 边=无

选择剪切边...

选择对象或<全部选择>：找到1个

选择对象：找到1个，总计2个

选择对象： (按Enter键)

选择要修剪的对象，或按住Shift键选择要延伸的对象，或

[栏选(F)/窗交(C)/投影(P)/边(E)/删除(R)/放弃(U)]：

(修剪上侧墙体)

选择要修剪的对象，或按住Shift键选择要延伸的对象，或

[栏选(F)/窗交(C)/投影(P)/边(E)/删除(R)/放弃(U)]：指定对角点：

(修剪下侧墙体)

选择要修剪的对象，或按住Shift键选择要延伸的对象，或

[栏选(F)/窗交(C)/投影(P)/边(E)/删除(R)/放弃(U)]：

(按Enter键)

此时门洞已开，绘制门的命令行如下。

命令：line

指定第一点： (轴线⑥与轴线Ⓗ左侧墙体与轴线Ⓗ交点)

指定下一点或[放弃(U)]：

指定下一点或[放弃(U)]：@ 0, 600 (按Enter键)

命令：arc 指定圆弧的起点或[圆心(C)]：(上述所绘点)

指定圆弧的第二个点或[圆心(C)/端点(E)]：e

指定圆弧的端点： (轴线④与轴线Ⓗ的右侧墙体与轴线Ⓗ的交点)

指定圆弧的圆心或[角度(A)/方向(D)/半径(R)]：a 指定包含角：90

(按Enter键)

绘窗户采用【直线】或【矩形】命令，在已开的窗洞绘制。绘制C2的命令行如下所示，C2窗的宽度为1 500 mm。

命令：line 指定第一点：

指定下一点或[放弃(U)]：

指定下一点或[放弃(U)]：@ 1 500, 0

命令： (按Enter键)

命令：offset

当前设置：删除源=否　图层=源　OFFSETGAPTYPE=0

指定偏移距离或[通过(T)/删除(E)/图层(L)]：70

选择要偏移的对象，或[退出(E)/放弃(U)]<退出>： (单击直线)

指定要偏移的那一侧上的点，或[退出(E)/多个(M)/放弃(U)]<退出>： (按Enter键)

门窗的最终绘制效果如图 5.20 所示。

5.1.8 绘制楼梯

绘制楼梯的方法是先绘制横线，再【阵列】出所有台阶，然后画中间扶手。行为台阶数，列为上下两边；步子宽度为楼梯总长减少 160 扶手再除以 2，如图 5.19 所示。

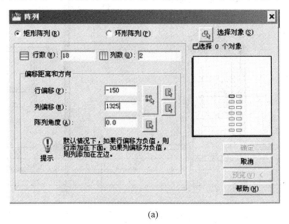 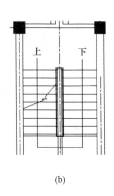

(a)　　　　　　　　　　　　　　　　　(b)

图 5.19　楼梯绘制

(a)阵列设置；(b)效果

5.1.9 绘制阳台

在墙体绘制完成的基础上，打开"阳台"图层，用【多线】或【直线】命令绘制阳台，并注意阳台的尺寸大小与厚度。左上处的阳台绘制若采用【多线】绘制命令，命令行如下。

命令：mline

当前设置：对正=上，比例=100.00，样式=240

指定起点或［对正(J)/比例(S)/样式(ST)］：J

输入对正类型［上(T)/无(Z)/下(B)］<上>：B

当前设置：对正=下，比例=100.00，样式=240

指定起点或［对正(J)/比例(S)/样式(ST)］：S

输入多线比例<100.00>：160

当前设置：对正=下，比例=160.00，样式=240

指定起点或［对正(J)/比例(S)/样式(ST)］：

指定下一点：

指定下一点或［放弃(U)］：

指定下一点或［闭合(C)/放弃(U)］：

阳台的内侧宽度为 3 900 mm，高为 1 800 mm，厚度为 160 mm，多线的绘制按照该尺寸进行。所有阳台绘制效果如图 5.20 所示。

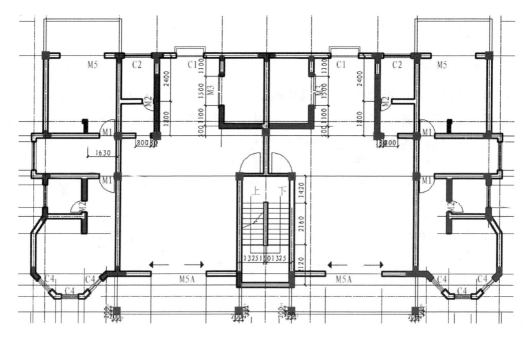

图 5.20 门窗及阳台绘制

5.1.10 添加尺寸标注和文字说明

1. 尺寸标注

执行【格式】→【标注样式】命令，系统弹出【标注样式管理器】对话框，在对话框中单击【修改】按钮，弹出如图 5.21 所示对话框。其中【线】选项卡中设置超出尺寸线为 300，起点偏移量为 500；【符号和箭头】选项卡中设置为建筑标记，箭头大小为 300（图 5.21）；【文字】选项卡中尺寸线偏移大小设置为 300；【主单位】选项卡中精度设置为 0。

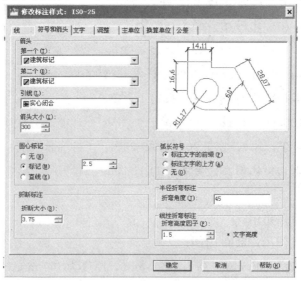

图 5.21 标注样式设置

同时可重复更改样式，以满足绘制要求。尺寸标注时，参照附图进行三层标注，标注过程中注意"夹点"的选择。

2. 文字说明

执行【绘图】→【文字】→【多行文字】或【单行文字】命令，单击并拖曳，在对话框中输入"客厅"、"厨房"等内容，单击【确定】按钮，重复操作。其中，左侧部分的房屋建筑图文字说明如图 5.22 所示。

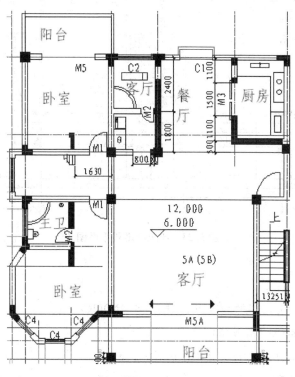

图 5.22 文字说明效果

5.2 标准层、底层、顶层平面图绘制

(1)标准层的绘制方法如上文所示，具体图形见图 5.23。

(2)底层平面图绘制步骤：

第一步，复制标准层作为绘制底层平面的基础，添加底层平面的其他内容。

第二步，底层平面图相对于标准层而言增加了散水、入门台阶等内容，其绘制方法与内容和标准层相近。

绘制的具体步骤如下：

1)复制标准层的轴线、墙体以及墙体以内的部分。

2)修改楼梯，绘制大门等内容。其中，大门的绘制采用【多线】、【直线】、【弧线】、【镜像】等命令。命令格式如下：

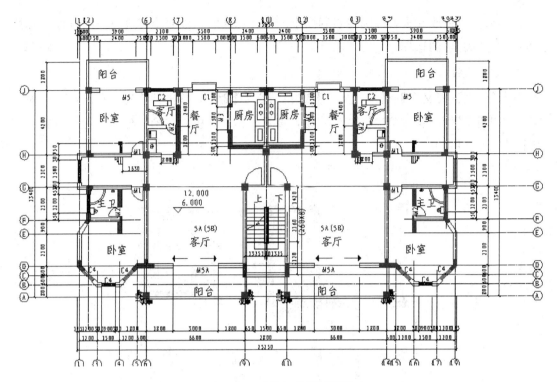

图 5.23 建筑标准层平面图

命令：mline

当前设置：对正=上，比例=20.00，样式=STANDARD

指定起点或[对正(J)/比例(S)/样式(ST)]：j

输入对正类型[上(T)/无(Z)/下(B)]<上>：z

当前设置：对正=无，比例=20.00，样式=STANDARD

指定起点或[对正(J)/比例(S)/样式(ST)]：s

输入多线比例<20.00>：150

当前设置：对正=无，比例=150.00，样式=STANDARD

指定起点或[对正(J)/比例(S)/样式(ST)]：

指定下一点：

指定下一点或[放弃(U)]：

大门墙厚 150 mm，与楼梯间同宽。然后取中轴线位置作为门口的中间点，向左侧绘制单位为 500 的直线，再向上侧绘制单位为 500 的直线，应用"圆弧"中【起点、端点、角度】的命令绘制单侧门，操作命令行如下。

命令：line 指定第一点：

指定下一点或[放弃(U)]：@-500,0

指定下一点或[放弃(U)]：@0,500

指定下一点或[闭合(C)/放弃(U)]： （按 Enter 键）

命令：arc 指定圆弧的起点或[圆心(C)]：

指定圆弧的第二个点或[圆心(C)/端点(E)]：e

指定圆弧的端点：

指定圆弧的圆心或[角度(A)/方向(D)/半径(R)]：a

指定包含角：90

绘制完成后，应用【镜像】命令，最终结果如图 5.24 所示。

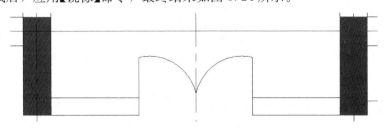

图 5.24 底层平面图大门

底层平面图的楼梯不同于标准层平面图，其楼梯的可见部分为上层楼梯部分，如图 5.25 所示。

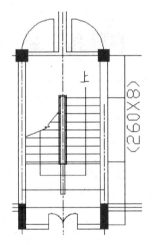

图 5.25 底层平面图楼梯

3)添加散水。散水围绕底层的墙体外围一周，宽度为 50 cm。其底层平面图整体形式如图 5.26 所示。

(3)顶层平面图绘制步骤：

第一步，复制标准层的图形作为顶层平面图的绘制基础。

第二步，添加女儿墙、坡顶等内容。

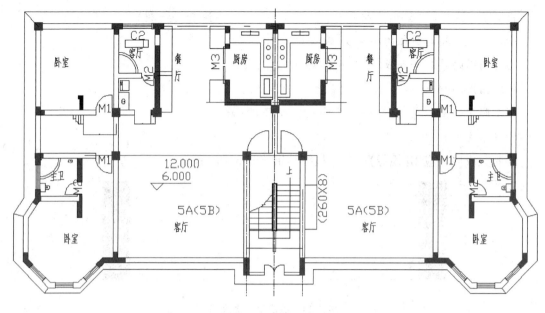

图 5.26 底层平面图

本章小结

通过绘制建筑平面图,加强用户的图形绘制与操作水平,将各操作命令熟练掌握。绘制建筑平面图时,注意关于轴线定位、墙体、楼梯、门窗等部分的绘制,熟练掌握如【偏移】、【多线】、【阵列】等命令。

将绘图与识图相结合,并注意练习通过AutoCAD 2010进行图纸的修改,将自己发现的图形错误部分或不适当部分修改。

习题

1. 根据章节内容,设置绘图环境,并将其保存为.DWT模式。
2. 用两种不同的方法绘制墙体。
3. 绘制楼梯。
4. 采用不同的方法进行尺寸标注。

第 6 章　绘制建筑立面图

> **本章要点**

1. 各类绘图、编辑命令和图块、属性等在建筑立面图中的应用；
2. 建筑立面图的绘制方法和步骤；
3. 门、窗等建筑元素的绘制方法；
4. 尺寸、文字标注。

前面几章是对 AutoCAD 基本命令以及应用技巧的说明，掌握好这些工具是熟练应用 CAD 的基础。

6.1　建筑立面图基础

6.1.1　建筑立面图的绘制内容

建筑立面图是指用正投影法对建筑各个外墙面进行投影所得到的正投影图。与平面图一样，建筑的立面图也是表达建筑物的基本图样之一，它主要反映建筑物的立面形式和外观情况。

立面图主要是反映房屋的外貌和立面装修的做法，这是因为建筑物给人的外表美感主要来自其立面的造型和装修。建筑立面图是用来进行研究建筑立面的造型和装修的。反映主要入口，或是比较显著地反映建筑物外貌特征的一面的立面图，叫做正立面图；其余面的立面图，相应地称为背立面图和侧立面图。如果按照房屋的朝向来分，可以称为南立面图、东立面图、西立面图和北立面图。

建筑立面图的图示内容主要包括以下四个方面。

（1）室内外的地面线、房屋的勒脚、台阶、门窗、阳台、雨篷；室外的楼梯、墙和柱；外墙的预留孔洞、檐口、屋顶、雨水管、墙面修饰构件等。

（2）外墙各个主要部位的标高。

（3）建筑物两端或分段的轴线和编号。

（4）标出各个部分的构造、装饰节点详图的索引符号。使用图例和文字说明外墙面的装饰材料和做法。

6.1.2　建筑立面图绘制步骤

总体来说，立画图是在平面图的基础上，引出定位辅助线确定立面图样的水平位置及大小，然后根据高度方向的设计尺寸确定立面图样的竖向位置及尺寸，从而绘制出一个个图样。通常，立面图绘制的步骤如下：

(1)选择比例，确定图纸幅面。
(2)绘制轴线、地坪线及建筑物的外围轮廓线。
(3)绘制阳台、门窗。
(4)绘制外墙立面的造型细节。
(5)标注立面图的文本注释。
(6)立面图的尺寸标注。
(7)立面图的符号标注，如高程符号、索引符号、轴标号等。

6.2　创建构件

6.2.1　绘图环境设置

一般在绘制图形之前应该先创建一个初始作图环境，并在创建初始作图环境时对度量单位、比例因子、图形界限等进行设置，以方便进行图形绘制与管理，绘图环境的设置有两种方法：

(1)利用"使用向导"来完成。
(2)进入 AutoCAD 绘图界面之后来完成。

1. 设置绘图环境

(1)设置图形界限和单位。

1)设置图形界限：

命令：limits

重新设置模型空间界限：

指定左下角点或[开(ON)/关(OFF)]<0.0000, 0.0000>：

指定右上角点<12.0000, 9.0000>：42000, 29700

在这里，图形的界限是按照 A3 大小的图纸来设定的，而且在文件输出的时候也要采用 1∶1 的比例。

2)设置单位：

在命令提示行中输入 UNITS 命令，在弹出的【图形单位】对话框中，将设计中心块的图形单位设为"毫米"，其他选项取默认值，单击【确定】按钮完成单位设定。

(2)设置图层。在命令提示行中输入 LAYER 命令,在弹出的【图层特性管理器】命令对话框中设定合适的分层参数。

本例中共定义了 9 个图层,但是在定义每一个图层的时候最好能够为每个图层选择合适的线型和颜色,以利于以后在绘图中识别和操作,如图 6.1 所示。

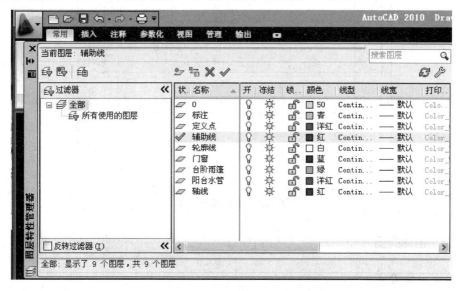

图 6.1 【图层特性管理器】对话框

6.2.2 绘制墙体轮廓

首先将"辅助线"层定为当前层。画出基准线,其操作步骤如下。

命令:line

指定第一点:35, 105

指定下一点或[放弃(U)]:@24750, 0

命令:line

指定第一点:35, 105

指定下一点或[放弃(U)]:@ 0, 14705

生成两条线段,接着进行偏移命令:

命令:offset

当前设置:删除源=否　图层=源　OFFSETGAPTYPE=0

指定偏移距离或[通过(T)/删除(E)/图层(L)]<通过>:4100　　　(输入偏移量)

选择要偏移的对象,或[退出(E)/放弃(U)]<退出>:　　　　　　(选择水平基线)

指定要偏移的那一侧上的点,或[退出(E)/多个(M)/放弃(U)]<退出>:　(在水平基线上方任意单击一点)

再重复上述步骤,分别以偏移距离 900、2 600、900、2 600、900、2 600 向上依次偏移。步骤、方法与纬线的生成完全相同，只是偏移量的参数和偏移的位置选取不一样；生成经线的位移量分别是 920、2 400，如图 6.2 所示。

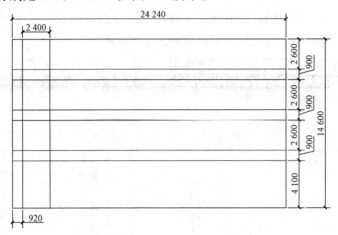

图 6.2　轴线辅助线图

6.2.3　创建门窗

1. 建立方窗图块

进入门窗图层，选择左上角的窗户图形进行操作，画出方窗图块，操作步骤如下。

命令：rectang

指定第一个角点或[倒角(C)/标高(E)/圆角(F)/厚度(T)/宽度(W)]：0，0

指定另一个角点或[面积(A)/尺寸(D)/旋转(R)]：2400，2400

命令：explode

选择对象：找到 1 个　　　　　　　　　　　　　　　(利用右选框框选，按 Enter 键)

再将矩形线框各项内偏移 80 画出玻璃分格线(在进行捕捉时，可以借助【捕捉中心点】命令进行捕捉)。

命令：line

指定第一点：　　　　　　　　　　　　　　　(捕捉上方玻璃框上边中点)

指定下一点或[放弃(U)]：　　　　　　　　　　(捕捉下方玻璃框下边中点)

指定下一点或[放弃(U)]：

命令：line

指定第一点：　　　　　　　　　　　　　　　(捕捉下方玻璃框左侧中点)

指定下一点或[放弃(U)]：　　　　　　　　　　(捕捉下方玻璃框右侧中点)

指定下一点或[放弃(U)]：

最后利用【修剪】命令修整分格线图形。

操作步骤如下：

画出窗台图形：

命令：rectang

指定第一个角点或[倒角(C)/标高(E)/圆角(F)/厚度(T)/宽度(W)]：@.100,0

指定另一个角点或[面积(A)/尺寸(D)/旋转(R)]：2600,100

这样就完成了一个方窗图块，如图6.3所示。

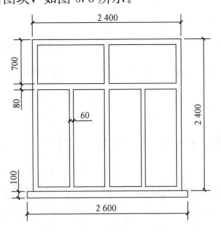

图6.3 方窗图块

当然，本例也可以通过直接多画几条玻璃分格线来省略这一步骤。但是在实际工作中经常会遇到一些复杂情况，这时可先画出大略的图形，再用TRIM命令慢慢地进行修剪。

2. 建立圆窗图块

圆窗图块的画法同上述方窗的画法一致，只需在最后利用圆弧命令，将上部进行修改，最终效果如图6.4所示。

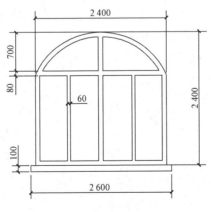

图6.4 圆窗图块

3. 建立门图块

操作步骤如下。

命令：rectang

指定第一个角点或[倒角(C)/标高(E)/圆角(F)/厚度(T)/宽度(W)]：0, 0

指定另一个角点或[面积(A)/尺寸(D)/旋转(R)]：2400, 3300

命令：explode

选择对象：找到 1 个　　　　　　　　　　　　(利用右选框框选，按 Enter 键)

再将矩形线框各项内偏移 80 画出玻璃分格线(在进行捕捉时，可以借助【捕捉中心点】命令进行捕捉)。

命令：rectang

指定第一个角点或[倒角(C)/标高(E)/圆角(F)/厚度(T)/宽度(W)]：

　　　　　　　　　　　　　　　　　　　　　　(左上角偏移量为 80 后的点)

指定另一个角点或[面积(A)/尺寸(D)/旋转(R)]：500, 660

　　　　　　　　　　　　　　　　　　　　　　(利用[阵列]命令将其以 1 行 4
　　　　　　　　　　　　　　　　　　　　　　 列，列偏移为 80 进行)

命令：rectang

指定第一个角点或[倒角(C)/标高(E)/圆角(F)/厚度(T)/宽度(W)]：

　　　　　　　　　　　　　　　　　　　　　　(左下角偏移量为 80 后的点)

指定另一个角点或[面积(A)/尺寸(D)/旋转(R)]：1180, 2400

命令：offset

当前设置:删除源=否　图层=源　OFFSETGAPTYPE=0

指定偏移距离或[通过(T)/删除(E)/图层(L)]<通过>：150

　　　　　　　　　　　　　　　　　　　　　　(输入偏移量)

选择要偏移的对象，或[退出(E)/放弃(U)]<退出>：　(选择所绘上述矩形)

利用【镜像】命令产生右侧玻璃镜像，其操作步骤如下：

命令：mirror

选择对象：　　　　　　　　　　　　　　　　　(选择左侧玻璃)

指定镜像线的第一点：　　　　　　　　　　　　(门上边缘中心)

指定镜像线的第二点：　　　　　　　　　　　　(门下边缘中心)

是否删除源对象？[是(Y)/否(N)]<N>：

所绘图形如图 6.5 所示。

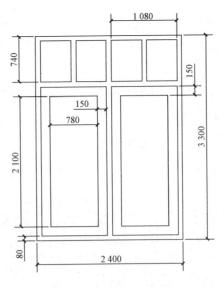

图 6.5 立门图块

6.2.4 绘制墙体立面

在命令提示行中输入 ARRAY，从弹出的【阵列】对话框中选择矩形阵列方式。将行数和列数分别设为 1 和 4；行间距设定为 0，列间距设定为 2200；阵列的角度设为 270°；单击右上角的【选择对象】按钮，在图纸上拉出一个拾取框，全部选取已经绘制完成的阳台图形，并按 Enter 键确认，单击对话框中的【确定】按钮。最终效果如图 6.6 所示。

图 6.6 未标注的立面图

6.2.5 创建标注

在建筑设计中，由于每层建筑平面基本都要进行标高的标注，所以建筑标高就成了建筑设计中较为常见的标注内容。立面图应该主要说明建筑物在垂直方向上的关系，建筑各个部位与地面的高度关系是最重要的立面标注内容。首先进行标高的标注，然后使用线性标注和连续标注命令,对立面图进行尺寸标注。

由于尺寸标注命令比较多,建议使用图标菜单的方法,执行【视图】→【工具栏】→【标注】命令。

(1)将当前图层设为"标注"层。单击标注样式按钮,在【标注样式管理器】对话框中设置"建筑样式"为当前样式。利用线性标注按钮、连续标注按钮、半径标注按钮和角度标注按钮,为图形作尺寸标注,结果如图 6.7 所示。

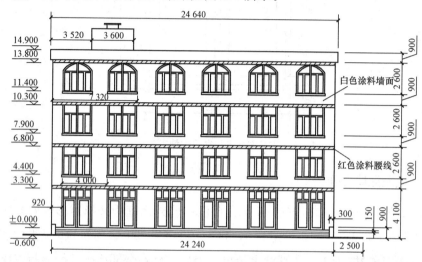

图 6.7　完成立面图

(2)单击【文字样式】按钮,弹出【文字样式】对话框,新建一个文字样式,取名为"汉字",在【字体】选项区域的【字体名】下拉列表框中选择"仿宋_GB2312"。【效果】选项区域中的【宽度因子】设为 0.7。

本章小结

以建筑物各个主要的垂直外墙表面为对象,按照正投影法投影后得到的正投影图,一般被称为立面图。

立面图应该包括子投影方向上可见的一切形体以及构造,如建筑物的外形轮廓、外部构造和造型、门窗的位置及其样式,雨篷、阳台、台阶和栏杆、散水等构件的位置和形式,外部装修的画法和必要的标高参数。立面图呈现的效果是施工和进行工程设计的重要依据。在制图中,为了丰富图形的视觉效果,通常采用不同的线型来表示不同的对象,以区分主次和丰富图面的层次。

本章结合立面图实例反映立面图绘制的要点,看起来虽然比较复杂,但实际上图形的构成还是比较简单的:不仅是因为立面图形上的元素较少,也是由于建筑物的层数不多。所以在实际的绘图过程中,具体的作图顺序基本上和所有的工程结构图没有什么差别,也是先作出轴网或者辅助线体系,然后从粗到细、由下至上逐步地画出建筑的各个部分。唯一需注意的地方是图层的转换和应用。

习 题

1. 简述立面图的绘制内容。
2. 简述立面图的绘制步骤。
3. 绘制图6.8所示样图。

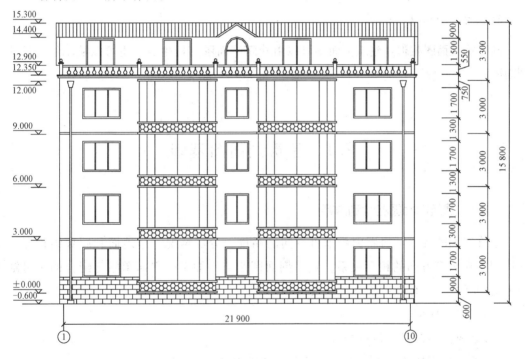

图6.8 正立面图

第 7 章　绘制建筑剖面图

▶本章要点◀

1. 识、读建筑剖面图；
2. 墙体、楼梯剖面的绘制方法；
3. 建筑剖面图的组成与内容；
4. 绘制轴线、墙体、门窗、阳台、楼梯等绘图方法。
5. 尺寸标注和文字说明。

同建筑立面图相似，建筑剖面图可以由建筑平面图直接生成，也可以从轴线开始绘制剖面图。

7.1　建筑剖面图基础

7.1.1　建筑剖面图的绘制内容

建筑剖面图反映了房屋内部垂直方向的高度、分层情况，楼地面和屋顶结构形式及各构配件在垂直方向的相互关系。建筑剖面图是与平面图、立面图相互配合的不可缺少的重要图样之一。建筑剖面图的主要内容如下。

(1) 图名、比例。

(2) 必要的轴线以及各自的编号。

(3) 被剖切到的梁、板、平台、阳台、地面以及地下室图形。

(4) 被剖切到的门窗图形。

(5) 剖切处各种构配件的材质符号。

(6) 未剖切到的可见部分，如室内的装饰、与剖切平面平行的门窗图形、楼梯段、栏杆的扶手等和室外可见的雨水管、水漏等以及底层的勒脚和各层的踢脚。

(7) 高程以及必需的局部尺寸的标注。

(8) 详图的索引符号。

(9) 必要的文字说明。

一般来说，针对各个绘图内容，建筑剖面图的主要绘制要求如下。

(1)图名和比例。建筑剖面图的图名必须与底层平面图中剖切符号的编号一致,建筑剖面图的比例与平面图、立面图一致,采用1:50、1:100、1:200等较小比例绘制。

(2)所绘制的建筑剖面图与建筑平面图、建筑立面图之间应符合投影关系,即长对正、宽相等、高平齐。读图时,也应将三图联系起来。

(3)图线。凡是剖到的墙、板、梁等构件的轮廓线用粗实线表示,没有剖到的其他构件的投影线用细实线表示。

(4)图例。由于比例较小,剖面图中的门窗等构配件应采用国家标准规定的图例表示。

为了清楚地表达建筑各部分的材料及构造层次,当剖面图的比例大于1:50时,应在剖到的构配件断面上画出其材料图例;当剖面图的比例小于1:50时,则不画材料图例,而用简化的材料图例表示其构件断面的材料,如钢筋混凝土的梁、板可在断面处涂黑,以区别于砖墙和其他材料。

(5)尺寸标注与其他标注。剖面图中应标出必要的尺寸。

外墙的竖向标注三道尺寸,最里面一道为细部尺寸,标注门窗洞及洞间墙的高度尺寸;中间一道为层高尺寸;最外一道为总高尺寸。

此外,还应标注某些局部的尺寸,如内墙上门窗洞的高度尺寸、窗台的高度尺寸;以及一些不需绘制详图的构件尺寸,如栏杆扶手的高度尺寸、雨篷的挑出尺寸等。

建筑剖面图中需标注高程的部位有室内外地面、楼面、楼梯平台面、檐口顶面、门窗洞口等。剖面图内部的各层楼板、梁底面也需要标注高程。

建筑剖面图的水平方向应标注墙、柱的轴线编号及轴线间距。

(6)详图索引符号。由于剖面图比例较小,某些部位如墙脚、窗台、楼地面、顶棚等节点不能详细表达,可在剖面图上的该部位处画上详图索引符号,另用详图表示其细部构造。楼地面、顶棚、墙体内外装修也可用多层构造引出线的方法说明。

7.1.2 建筑剖面图的绘制步骤

建筑剖面图的绘制较为简单,通常包括以下步骤。

(1)绘制各定位轴线。

(2)绘制建筑物的室内地坪线和室外地坪线。

(3)绘制墙体断面轮廓、未被剖切到的可见墙体轮廓以及各层的楼面、屋面等。

(4)绘制门窗洞、楼梯、檐口及其他可见轮廓线。

(5)绘制各种梁的轮廓和具体的断面图形。

(6)绘制固定设备、台阶、阳台等细节。

(7)尺寸标注、高程及文字说明等。

7.2 创建构件

7.2.1 创建轴线和辅助线

首先要设定绘图环境,建筑剖面图的绘图环境设置方法与建筑平面图的设置相同。

快速简单的方法是直接将上一任务的建筑正立面图打开,按绘制建筑剖面图的需要适当添加图层,然后另存为本任务的建筑立面图文件。设置图层样式如图7.1所示。

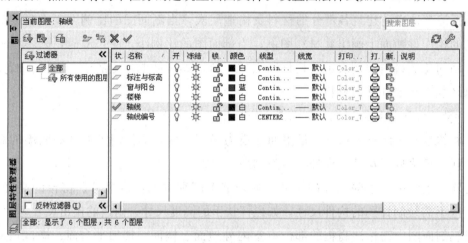

图 7.1 建筑剖面图的图层设置

1. 建立轴线

(1)设置当前图层为"轴线"层。

(2)根据建筑平面图的剖切符号来建立剖面开间轴线。

(3)根据建筑层高建立进深的轴线。命令行如下。

命令:line

指定第一点:

指定下一点或[放弃(U)]:

指定下一点或[放弃(U)]:

命令: (按 Enter 键)

命令:offset

当前设置:删除源=否　图层=源　OFFSETGAPTYPE=0

指定偏移距离或[通过(T)/删除(E)/图层(L)]<退出>:1400

选择要偏移的对象,或[退出(E)/放弃(U)]<退出>:

指定要偏移的那一侧上的点,或[退出(E)/多个(M)/放弃(U)]<退出>:

选择要偏移的对象，或[退出(E)/放弃(U)]<退出>：

指定要偏移的那一侧上的点，或[退出(E)/多个(M)/放弃(U)]<退出>：600

选择要偏移的对象，或[退出(E)/放弃(U)]<退出>：

指定要偏移的那一侧上的点，或[退出(E)/多个(M)/放弃(U)]<退出>：2100

选择要偏移的对象，或[退出(E)/放弃(U)]<退出>：

轴线绘制最终结果如图7.2所示。

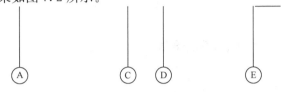

图7.2 轴线绘制结果

2. 建立辅助线

采用构造线等线型，绘制某些辅助线，如楼梯的定位、阳台的定位等。

7.2.2 创建墙线和楼板线

设置"墙体"图层，执行【绘图】→【多线】命令绘制墙体。墙体的绘制命令行如下。

命令：mline

当前设置：对正=无，比例=1.00，样式=STANDARD

指定起点或[对正(J)/比例(S)/样式(ST)]：J

输入对正类型[上(T)/无(Z)/下(B)]<无>：Z

当前设置：对正=无，比例=1.00，样式=STANDARD

指定起点或[对正(J)/比例(S)/样式(ST)]：S

输入多线比例<1.00>：240

当前设置：对正=无，比例=240.00，样式=STANDARD

指定起点或[对正(J)/比例(S)/样式(ST)]：

指定下一点：

指定下一点或[放弃(U)]：　　　　　　　(按Enter键)

设置"楼板"图层，将该图层设为当前，通常绘制厚度为150 mm的楼板，因此先绘制一些辅助线，再利用【多线】命令进行绘制。利用多线绘制楼板时，长度根据定位线确定，使用时开启【对象捕捉】方式，进行准确捕捉即可。同时，绘制完成一个楼层的楼板后，应用【阵列】命令绘制出其他楼层的楼板，如图7.3所示。命令行如下。

命令：mline

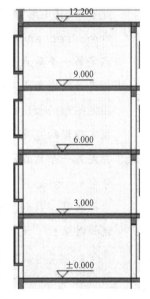

图7.3 墙线绘制

当前设置：对正=无，比例=240.00，样式=STANDARD

指定起点或[对正(J)/比例(S)/样式(ST)]：s

输入多线比例<240.00>：150

当前设置：对正=无，比例=150.00，样式=STANDARD

指定起点或[对正(J)/比例(S)/样式(ST)]：

指定下一点：

指定下一点或[放弃(U)]：

坡度、花台、雨篷、梁、阳台等的绘制可参照图纸。

7.2.3 创建门窗

首先需要开门窗洞口，按照图中的尺寸，利用【偏移】命令作出定位辅助线，再用【修剪】命令进行修整得到门窗洞口，同时保证修整后墙体的封口短线的图层置于墙线图层之上。

例如，创建窗户可通过以下步骤进行。

(1)设置"窗户"层并置为当前；

(2)用【矩形】命令绘制窗；

(3)将矩形分解，并【偏移】绘制窗的内侧；

(4)"全选"窗或用【创建块】命令将所绘制的图形定义为图块并命名，选择窗户的角点作为插入点；

(5)插入窗户。

此处采用【矩形】命令的方式绘制窗。命令行如下。

命令：rectang

指定第一个角点或[倒角(C)/标高(E)/圆角(F)/厚度(T)/宽度(W)]：

指定另一个角点或[面积(A)/尺寸(D)/旋转(R)]：d

指定矩形的长度<10.0000>：400

指定矩形的宽度<10.0000>：1600

指定另一个角点或[面积(A)/尺寸(D)/旋转(R)]：　　　(按Enter键，矩形绘制完成)

命令：explode

选择对象：找到1个

选择对象：　　　　　　　　　　　　　　　　　　　(按Enter键，矩形分解)

命令：offset

当前设置：删除源=否　图层=源　OFFSETGAPTYPE=0

指定偏移距离或[通过(T)/删除(E)/图层(L)]<1400.0000>：400

选择要偏移的对象，或[退出(E)/放弃(U)]<退出>：

指定要偏移的那一侧上的点，或[退出(E)/多个(M)/放弃(U)]<退出>：

选择要偏移的对象，或[退出(E)/放弃(U)]<退出>：

指定要偏移的那一侧上的点，或[退出(E)/多个(M)/放弃(U)]<退出>：

选择要偏移的对象，或[退出(E)/放弃(U)]<退出>：

指定要偏移的那一侧上的点，或[退出(E)/多个(M)/放弃(U)]<退出>：

选择要偏移的对象，或[退出(E)/放弃(U)]<退出>： (向上、向下偏移，偏移距离为400，绘制成窗)

命令：line指定第一点：

指定下一点或[放弃(U)]：

指定下一点或[放弃(U)]： (按Enter键，绘制窗的中间轴线)

完成上述命令后，通过【矩形阵列】方式(图7.4)完成其他窗的绘制。

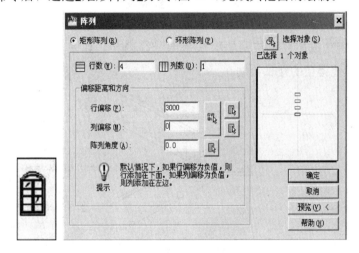

图7.4 【阵列】对话框

7.2.4 创建楼梯

绘制楼梯时，利用【阵列】命令绘制，单击【拾取列偏移】按钮，在图中捕捉踏步的两个端点，获得偏移值；单击【拾取阵列角度】按钮，在图中捕捉踏步的两个端点，即可获得阵列角度值。操作步骤如下：

(1)楼梯的踏步按照175 mm×260 mm计，在剖面图的底层绘制踏步，如图7.5所示。

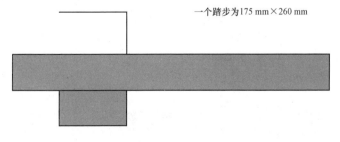

图7.5 绘制一个踏步

(2)采用【阵列】命令,以踏步为选择对象,具体的命令设置如图 7.6 所示。

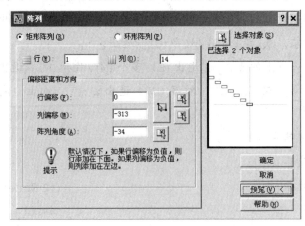

图 7.6 【阵列】对话框

(3)【矩阵】命令完成后,再绘制楼梯扶手部分等内容,如图 7.7 所示。同时,再应用【阵列】命令完成其他楼层的楼梯绘制。

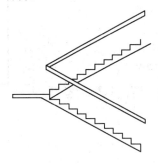

图 7.7 楼梯剖面

7.2.5 创建标高和标注

在剖面图上可以显示楼层的标高,用直线命令进行绘制,如图 7.8 所示。

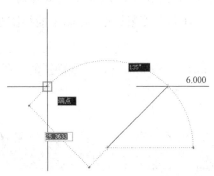

图 7.8 标高设置

标注的内容包括:

(1)外墙上的细部尺寸、标注层高尺寸和总高尺寸。

(2)标注轴线间距的尺寸和前后墙间的总尺寸。

(3)标注细部尺寸。

所有绘图的结果如图7.9所示。

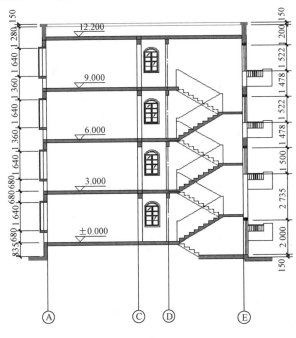

图7.9 建筑剖面图

本章小结

学习本章应着重理解建筑施工图中的剖面图和楼梯剖面图的绘制内容、绘制要求以及方法和步骤。

建筑施工图的一般绘图过程:设置绘图环境或直接调用已设置好的模板→绘制轴线→绘制墙体→绘制门窗→绘制细部→标注尺寸与文字→标注标高等。

习 题

1.绘制建筑剖面图时应遵守哪些标准?

2.简述建筑剖面图的绘制内容和绘制方法。

3. 简述楼梯剖面图的绘制内容和绘制方法。
4. 将一层楼梯放大，绘制一层楼梯的大样图。
5. 建筑剖面图标注的内容有哪些？

第 8 章 绘制建筑详图

> **本章要点**

1. 各类绘图、编辑命令和图块、属性等在建筑详图中的应用;
2. 建筑详图的绘制方法和步骤;
3. 天沟详图的绘制方法。

建筑详图是建筑细部的施工图。本章主要介绍建筑详图的基本知识,结合多个实例讲解利用 AutoCAD 2010 分别绘制各类建筑详图的主要方法和步骤。建筑详图是建筑施工图中不可缺少的图样,通过本章的学习,应能够独立绘制各类建筑详图。

8.1 建筑剖面详图绘制

建筑平面图、建筑立面图和建筑剖面图是建筑物施工图的主要图样,它们已将建筑物的整体形状、结构、尺寸等表示清楚,但是由于绘图时一般采用较小的比例,一些建筑构配件(如门、窗、楼梯等)和建筑剖面节点(如檐口、窗台、散水等)的详细构造、尺寸、做法及施工要求在图上都无法注写、画出。为了满足施工需要,建筑物的某些部位必须绘制较大比例的图样才能清楚表达。这种对建筑的细部或构配件,用较大的比例将其形状、大小、材料和做法,按正投影图的画法详细地表示出来的图样,称为建筑详图。因此,建筑详图是建筑平、立、剖面图的补充。

8.1.1 建筑剖面图绘制任务

根据建筑平面图所标注的剖切符号得到图 8.1 所示剖面图。

8.1.2 建筑剖面图绘制步骤

1. 绘图准备

启动 AutoCAD 2010 并新建一个文件"建筑剖面图.DWG"。
(1)建立图层。命令行提示如下:
命令:la
按图 8.2 所示新建图层。

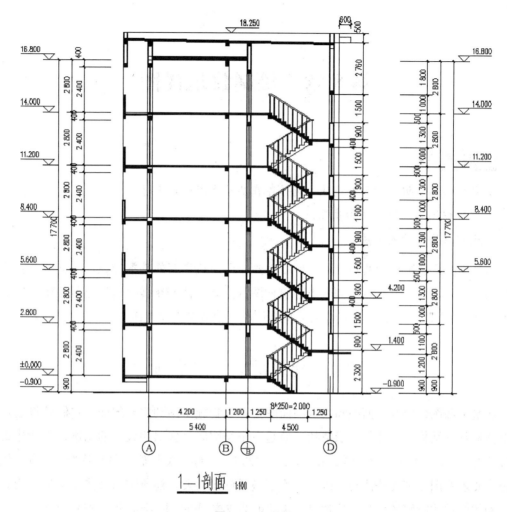

图 8.1 剖面图

图 8.2 【图层特性管理器】面板

(2)设置图形界限。命令行提示如下。

命令：limits

重新设置模型空间界限：

指定左下角点或[开(ON)/关(OFF)]<0.0000,0.0000>：0,0

指定右上角点<420.0000,297.0000>：15000,15000

命令：z(ZOOM)

指定窗口的角点，输入比例因子(nX 或 nXP)，或者[全部(A)/中心(C)/动态(D)/范围(E)/上一个(P)/比例(S)/窗口(W)/对象(O)]<实时>：a

(3)设置线型比例。命令行提示如下。

命令：linetype

按图 8.3 所示设置线型比例。

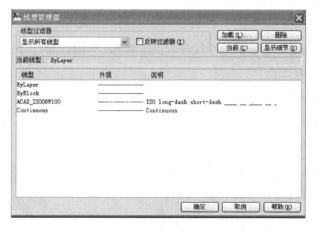

图 8.3 【线型管理器】对话框

2. 绘制定位轴线图

将"轴线"图层设为当前图层，执行【直线】命令，绘制第一条轴线，再利用【偏移】命令依次向右偏移 4 200、1 200、4 500(定位轴线之间的距离)，如图 8.4 所示。

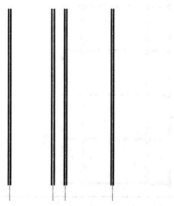

图 8.4 定位轴线图

3. 绘制墙线图

将当前图层改为"墙线"层,执行【多线】命令,完成墙线绘制,如图 8.4 所示。

4. 绘制室内地平线和室外地平线

(1)执行【直线】命令,绘制一条水平直线作为室内地平线,利用【偏移】命令向下偏移 100(楼板厚度)、300(梁高)、900(室外地平线)。

(2)执行【填充】命令,将楼板、梁高进行填充,如图 8.5 所示。

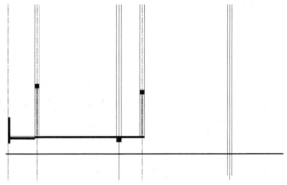

图 8.5 地平线完成图

5. 绘制阳台及窗户

(1)执行【偏移】命令,将 A 轴向左偏移 1 500(阳台宽)。

(2)利用【偏移】命令,将室内地平线依次向下偏移 60(阳台面)、100(阳台板厚度)、200(阳台檐)。

(3)执行【偏移】命令,将阳台面线向上偏移 1 000(阳台高)。

(4)执行【填充】命令,将阳台填充。

(5)窗户及门分别为 2 400、2 100 高,过梁为 200 高。

(6)执行【阵列】命令,在对话框中设置为"6 行 1 列",行偏移为 2 800,列偏移为 1,将楼面、阳台、窗户进行阵列,如图 8.6 所示。

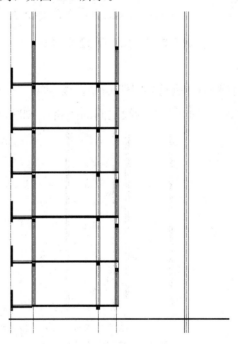

图 8.6 阳台窗户完成图

6. 绘制楼梯踏步、栏杆及休息平台

(1)执行【偏移】命令,将1/B轴向右偏移1 250,作为楼梯起点。

(2)执行【直线】命令,绘制踢面156、踏面250,栏杆高为900,并绘制扶手,然后进行阵列。

(3)执行【直线】命令,绘制休息平台及窗户、过梁,如图8.7所示。

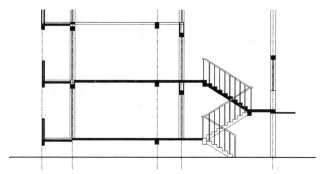

图8.7 楼梯细节图

(4)执行【阵列】命令,在对话框中设置为"5行1列",行偏移为2 800,列偏移为1,对楼梯、栏杆、休息平台进行阵列,如图8.8所示。

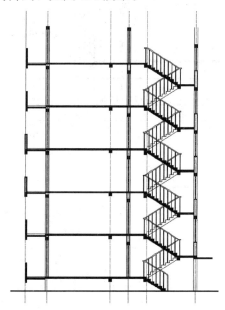

图8.8 外墙楼梯剖面详图

7. 屋面、女儿墙及其他细部绘制

(1)执行【直线】命令,绘制最上层楼面、女儿墙及其他细部绘制。

(2)将"标注"图层设置为当前图层,调用尺寸标注,绘制如图8.9所示剖面图。

(3)执行【直线】命令,绘制一个标高符号,运用块的属性定义,将其定义为"标高"的块,执行【插入】→【块】命令,选择名为"标高"的块插入到图中相应位置,并修改数值。

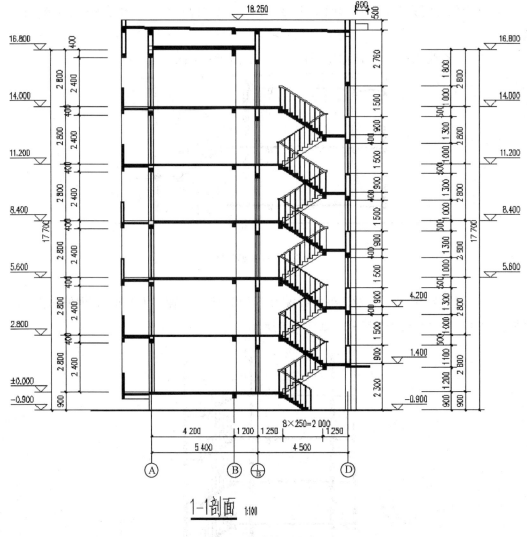

图 8.9 完成的剖面详图

8.2 天沟详图绘制

8.2.1 绘图准备

1. 设置作图区域

(1)单击【标准】工具栏中的【新建】按钮,新建一个名为"天沟详图"的文件。

(2)执行菜单栏中的【格式】→【图形界限】命令,按如下步骤操作。

命令：limits

重新设置模型空间界限：

指定左下角点或[开(ON)/关(OFF)]<0.0000,0.0000>：　　(按 Enter 键)

指定右上角点<4200.0000,2970.0000>：42000,29700　(输入右上角的绝对坐标)

(3)在命令行中输入 ZOOM，命令行提示如下。

命令：zoom

指定窗口的角点，输入比例因子(nX 或 nXP)，或者

[全部(A)/中心(C)/动态(D)/范围(E)/上一个(P)/比例(S)/窗口(W)/对象(O)]<实时>：a　　　　　　　　　　　　　　　　　　　　(输入 a，将作图区域全部显示出来)

2. 设置图层

单击【图层特性管理器】按钮，在【图层特性管理器】对话框中，新建"墙"、"填充"、"其他"、"文本"、"标注"等图层，如图 8.10 所示。

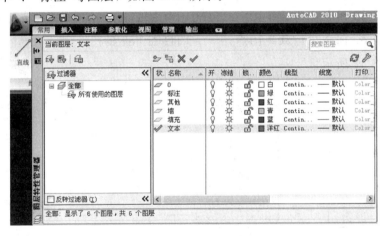

图 8.10　【图层特性管理器】对话框

8.2.2　绘制图形

1. 画结构层

(1)将"墙"层设置为当前层。

(2)单击【矩形】按钮，在作图区域内绘制一个长 240、宽为 80 的矩形，如图 8.11 所示。

图 8.11　矩形图框

(3)单击【直线】按钮 ∕，按如下步骤操作。

命令：line 指定第一点：60　　　　　　　　　（从 A 点向右追踪 60，确定直线第一点 B）
指定下一点或[放弃(U)]：415　　　　　　　　（向下追踪 415 确定 C 点）
指定下一点或[放弃(U)]：120　　　　　　　　（向左追踪 120 确定 D 点）
指定下一点或[闭合(C)/放弃(U)]：405　　　　（向下追踪 405 确定 E 点）
指定下一点或[闭合(C)/放弃(U)]：540　　　　（向左追踪 540 确定 F 点）
指定下一点或[闭合(C)/放弃(U)]：90　　　　 （向上追踪 90 确定 G 点）
指定下一点或[闭合(C)/放弃(U)]：60　　　　 （向左追踪 60 确定 H 点）
指定下一点或[闭合(C)/放弃(U)]：150　　　　（向下追踪 150 确定 I 点）
指定下一点或[闭合(C)/放弃(U)]：600　　　　（向右追踪 600 确定 J 点）
指定下一点或[闭合(C)/放弃(U)]：910　　　　（向下追踪 910 确定 K 点）
指定下一点或[闭合(C)/放弃(U)]：360　　　　（向右追踪 360 确定 L 点）
指定下一点或[闭合(C)/放弃(U)]：820　　　　（向上追踪 820 确定 M 点）
指定下一点或[闭合(C)/放弃(U)]：1150　　　 （向右追踪 1150 确定 N 点）
指定下一点或[闭合(C)/放弃(U)]：　　　　　　（按 Enter 键）

结果如图 8.12 所示。

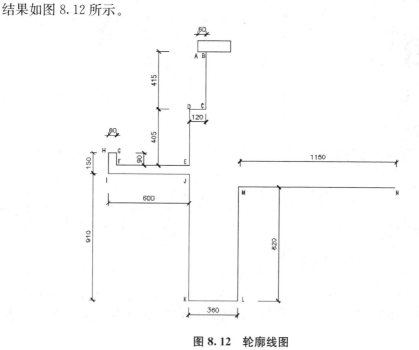

图 8.12　轮廓线图

(4)单击【偏移】按钮，将直线 MN 向上偏移 150 创建 OP，将直线 BC 向右偏移 120 创建 UV，如图 8.13 所示。

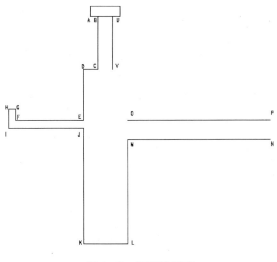

图 8.13 偏移结果图

(5)单击【延伸】按钮 ——/，将 PO 延伸到 DE，将 UV 延伸到 PO，结果如图 8.14 所示。

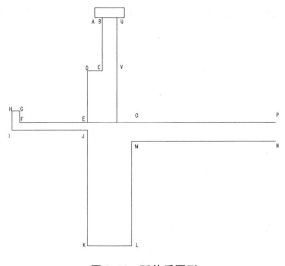

图 8.14 延伸后图形

(6)单击【偏移】按钮 ，将直线 KL 向上偏移 160 创建 ST，将直线 ST 向上偏移 480，结果如图 8.15 所示。

(7)单击【直线】按钮 ，命令行提示：

命令：line 指定第一点：	(单击图 8.16(a)的 D 点位置)
指定下一点或[放弃(U)]：<30	(画一条以 D 点为起点，角度为 30°的斜线)
角度替代：30.0	
指定下一点或[放弃(U)]：	(单击图 8.16(b)的 Q 点位置)
指定下一点或[放弃(U)]：	(按 Enter 键)

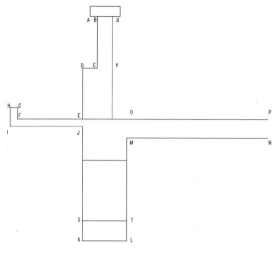

图 8.15 外观完成图

(8)单击【修剪】按钮，修剪多余线。屋檐辅助线结果如图 8.16(b)所示。

(9)单击【延伸】按钮，将斜线 QD 延伸到线段 GH 上，屋檐基线如图 8.17 所示。

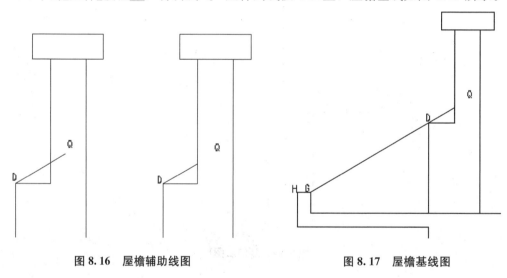

图 8.16 屋檐辅助线图　　　　　　　图 8.17 屋檐基线图

(10)单击【偏移】按钮，将直线 W 向上偏移 60 创建直线 U，单击【直线】按钮，连接斜直线右上两端点，结果如图 8.18 所示，即为屋檐檩条线。

(11)单击【圆角】按钮，设置圆角半径为 0，模式为修剪，为直线 U 和 GH 作圆角处理，结果两直线交于 J 点，如图 8.19 所示。

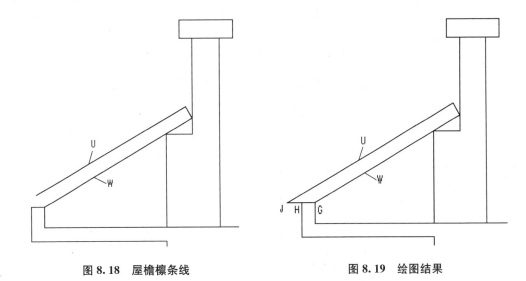

图 8.18 屋檐檩条线　　　　　　　　图 8.19 绘图结果

（12）将垂足捕捉添加到运行中的捕捉方式中。

（13）单击【直线】按钮，自 H 点作直线 U 延长线的垂线，交 U 延长线于 K 点，将 KH 向右偏移 20 得直线 MN，形成天沟外轮廓，结果如图 8.20 所示。

（14）单击【延伸】按钮，将斜线 MN 延伸到线段 HG 上，形成天沟外轮廓，如图 8.21 所示。

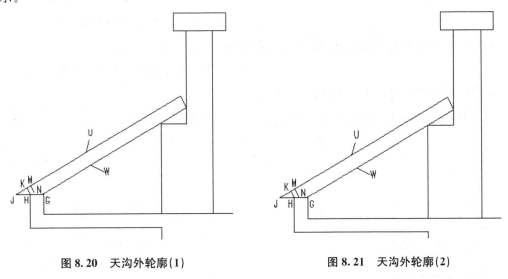

图 8.20 天沟外轮廓(1)　　　　　　图 8.21 天沟外轮廓(2)

（15）删去直线 JH 和直线 HK，然后将其修剪成如图 8.22 所示的天沟形态。

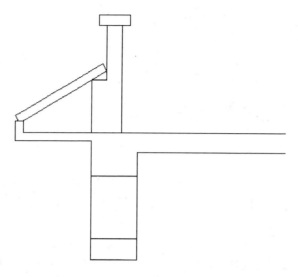

图 8.22 天沟简图

2. 画压顶的装饰层

(1)单击【矩形】按钮▢，按如下步骤操作。

命令：rectang

指定第一个角点或[倒角(C)/标高(E)/圆角(F)/厚度(T)/宽度(W)]：from

基点：<偏移>：@.20,.20　　　　　　　(A 点为偏移基点，输入偏移坐标值，

　　　　　　　　　　　　　　　　　　　　确定矩形的第一个角点)

指定另一个角点或[面积(A)/尺寸(D)/旋转(R)]：@ 280,140

　　　　　　　　　　　　　　　　　　　　(输入矩形另一个角点的偏移坐标)

矩形的位置即天沟压顶(1)如图 8.23 所示。

(2)利用夹点编辑将矩形右上角一点向下移动 20，天沟压顶(2)如图 8.24 所示。

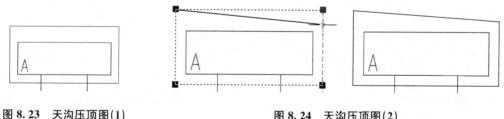

图 8.23　天沟压顶图(1)　　　　　图 8.24　天沟压顶图(2)

(3)单击【直线】按钮╱，以 C 点为起点绘制一条长 1 170 的水平直线 A，以及以 D 点为起点，终点与直线 A 终点对齐的水平直线 B。天沟压顶(3)如图 8.25 所示。

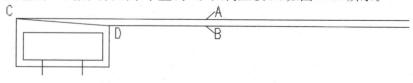

图 8.25　天沟压顶图(3)

3. 画屋面上的构造层

(1)单击【偏移】按钮，将直线 L 向上偏移 120，并修剪创建直线 Q，将直线 Q 向上偏移 50 创建直线 R，将直线 R 向上偏移 40 创建直线 S，将直线 I 向右偏移 40 创建直线 J，屋面上的构造层(1)结果如图 8.26 所示。

(2)单击【圆角】按钮，设置圆角半径为 100，模式为修剪，为直线 J 和 S 作圆角处理，屋面上的构造层(2)如图 8.27 所示。

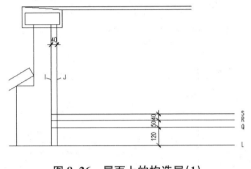

图 8.26　屋面上的构造层(1)

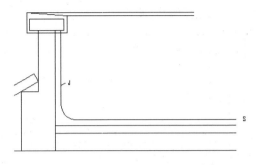

图 8.27　屋面上的构造层(2)

(3)单击【偏移】按钮，将直线 I 向右偏移 20 创建 V，将直线 R 向上偏移 25 创建 U，屋面上的构造层(3)如图 8.28 所示。

(4)单击【圆角】按钮，设置圆角半径为 100，模式为修剪，为直线 U 和 V 作圆角处理，修剪多余线段，屋面上的构造层(4)结果如图 8.29 所示。

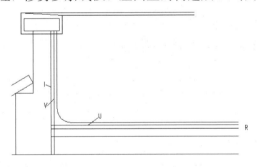

图 8.28　屋面上的构造层(3)

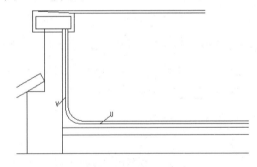

图 8.29　屋面上的构造层(4)

(5)执行菜单栏中的【修改】→【对象】→【多段线】命令，按如下步骤操作：

命令：pedit 选择多段线或[多条(M)]：　　　(选择直线 U，位置如图 8.30 所示)
选定的对象不是多段线
是否将其转换为多段线？<Y>　　　　　　　(将直线 U 转换为多段线)
输入选项[闭合(C)/合并(J)/宽度(W)/编辑顶点(E)/拟合(F)/样条曲线(S)/非曲线化(D)/线型生成(L)/放弃(U)]：j　　　(调用"合并"选项)
选择对象：找到 1 个，总计 2 个　　　　　(分别选择圆弧 N、直线 V，位置如图 8.30

所示)

选择对象: (按 Enter 键)

2 条线段已添加到多段线

输入选项[闭合(C)/合并(J)/宽度(W)/编辑顶点(E)/拟合(F)/样条曲线(S)/非曲线化(D)/线型生成(L)/放弃(U)]: (按 Enter 键)

此时 V、N、U 三段线已合并成一条多段线。

(6)单击【偏移】按钮，将合并后的多段线向左偏移 20，结果如图 8.31 所示。

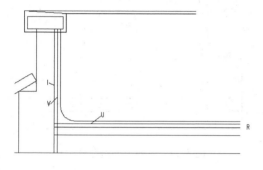
图 8.30 屋面上的构造层(5)

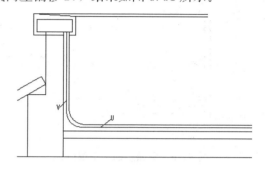
图 8.31 屋面上的构造层(6)

(7)利用定距等分功能填充防水层图案。

1)单击【直线】按钮，在屏幕的空白处画一条长 20 的垂直线段，单击【创建块】按钮，将此线段以"20d"为名定义成块，插入点为下端点。

提示：这里必须垂直画线段，否则将作不出需要的结果。

2)执行菜单栏中的【绘图】→【点】→【定距等分】命令，按如下步骤操作。

命令: measure

选择要定距等分的对象: (选择偏移后的多段线，如图 8.32(a)所示)

指定线段长度或[块(B)]: b (调用"块"选项)

输入要插入的块名: 20d (输入块名)

是否对齐块和对象？[是(Y)/否(N)]<Y>: (按 Enter 键)

指定线段长度: 60 (输入等分线段的长度)

多段线等分后的结果如图 8.32(b)所示。

3)单击【图案填充】按钮，选择 Solid 图案，将等分后的多段线填充为如图 8.33 所示屋面保护层填充的结果。

4. 画天沟上的装饰层及装饰瓦

(1)单击【偏移】按钮，将直线 U 向上偏移 20 创建 T，将直线 T 向上偏移 20 创建 S，将直线 P 向左偏移 20 创建 Q，将直线 M 向左偏移 20 创建 V，将直线 V 向左偏移 14 创建 W，结果如图 8.34 所示。

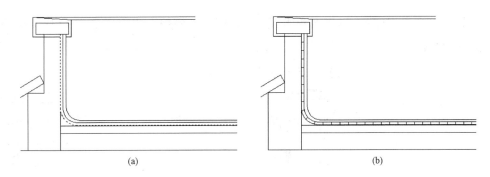

图 8.32 多段线等分图

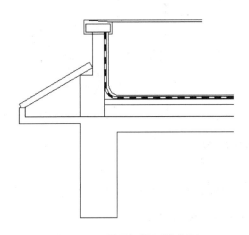

图 8.33 屋面保护层填充图

(2)单击【延伸】按钮 ，将斜线 S 和 T 延伸到直线 V 上,将斜线 U 延伸到直线 M 上,然后修剪成图 8.35 所示的形态。

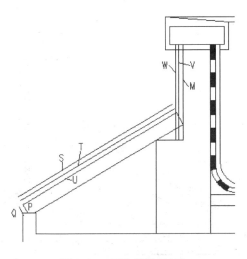

图 8.34 天沟装饰层(1)

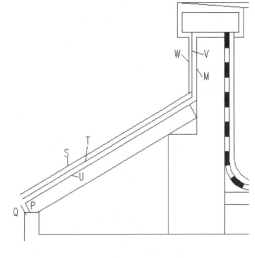

图 8.35 天沟装饰层(2)

· 159 ·

(3)单击【圆角】按钮，设置圆角半径为 0，模式为修剪，为直线 S 和 Q 作圆角处理，结果如图 8.36 所示。

(4)单击【延伸】按钮，将斜线 T 延伸到直线 Q 上，结果如图 8.37 所示。

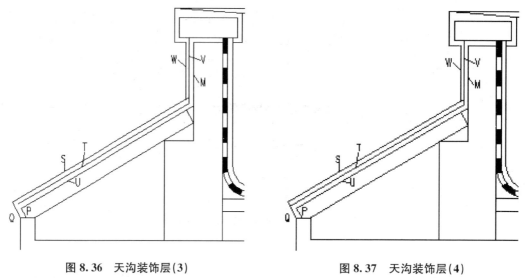

图 8.36　天沟装饰层(3)　　　　图 8.37　天沟装饰层(4)

(5)绘制屋顶瓦。

1)单击【矩形】按钮，在屏幕空白处绘制一个长 94、宽 13 的矩形，作为瓦片。

2)将延伸捕捉添加到运行中的捕捉方式中。

3)单击【旋转】按钮，以瓦片的左下角为基点，将其旋转 20°，再单击【移动】按钮，以 G 点为基点，将旋转后的瓦片移至图 8.38 所示的位置上，E、G 两点距离为 74(在 E 点延长线上追踪 74)。

4)选择瓦片，单击【阵列】按钮，将瓦片以"矩形"阵列 1 行 12 列，列偏移值为 74，阵列角度值为 30，阵列后的结果如图 8.39 所示。

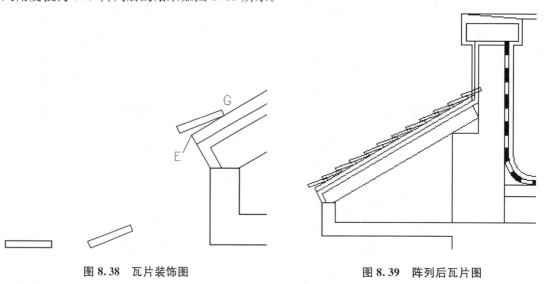

图 8.38　瓦片装饰图　　　　图 8.39　阵列后瓦片图

5)单击【修剪】按钮，修剪多余线。结果如图8.40所示。

(6)以 H 点为圆心绘制一个半径为25的圆，位置如图8.41(a)所示，然后将其修剪成图8.41(b)所示的形态。

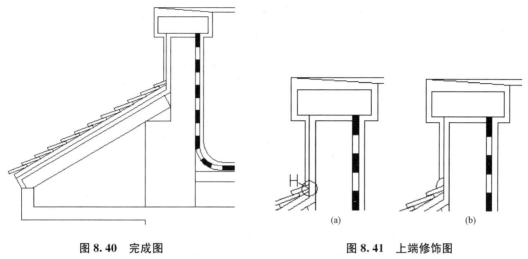

图8.40 完成图　　　　　　　　　图8.41 上端修饰图

(7)执行菜单栏中的【修改】→【对象】→【多段线】命令，选择如图8.42(a)所示的直线，将其转换为多段线后，再合并在一起，成为一条多段线，然后将其向外偏移20，结果如图8.42(b)所示。

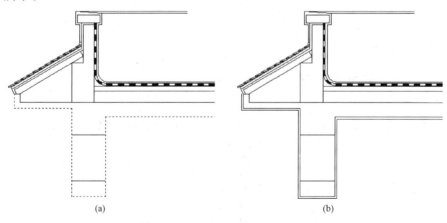

图8.42 多段线

(8)将偏移后的多段线的端点 A 连接到最外端的瓦片 B 上，如8.43所示。

(9)单击【矩形】按钮，从 J 点向下追踪至交点 K，确定矩形的第一个角点，输入另一个角点的相对坐标(@10,40)，绘制一个矩形，如图8.44(a)所示，修剪图形至图8.44(b)所示的形态。

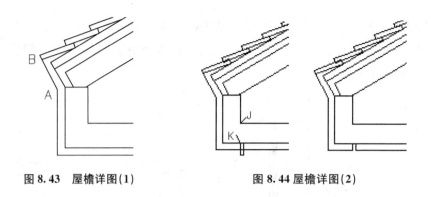

图 8.43　屋檐详图(1)　　　　　图 8.44 屋檐详图(2)

(10)利用夹点编辑将左下角向下移动 10，结果如图 8.45 所示。

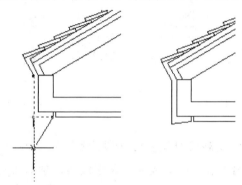

图 8.45　屋檐详图(3)

5. 填充剖切图案

这里需要在同一区域内填充两种图案。

(1)填充第一层图案。

1)单击【直线】按钮，绘制如图 8.46 所示的图形右侧的折断线。

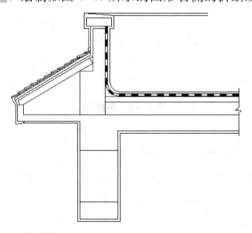

图 8.46　天沟未填充样图

2)将"填充"层置为当前层,单击【图案填充】按钮,选择填充图案 AR.CONC,设置"比例"为 1,选择如图 8.47(a)所示的区域将其填充,结果如图 8.47(b)所示。

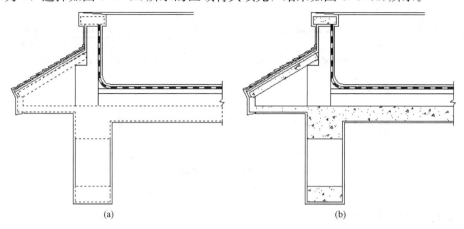

图 8.47 填充混凝土

(2)填充第二层图案。

1)单击【图案填充】按钮,选择填充图案 ANSI31,设置"比例"为 30,选择如图 8.48(a)所示的区域将其填充,结果如图 8.48(b)所示。

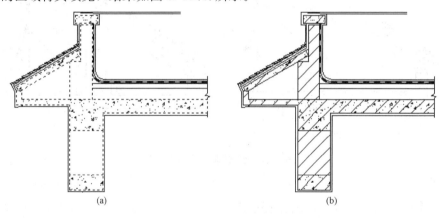

图 8.48 填充钢筋

2)单击【图案填充】按钮,选择填充图案 ANSI37,设置"比例"为 20,选择如图 8.49(a)所示的区域将其填充,结果如图 8.49(b)所示。

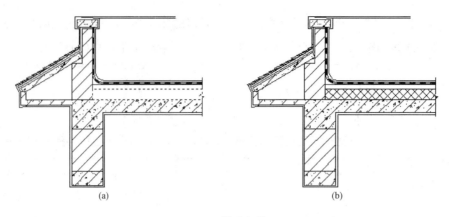

图 8.49 填充保护层

6. 绘制排水配件及其他

(1)绘制雨水管和弯头。

1)将"其他"层置为当前层,单击【矩形】按钮,自交点 A 向左追踪 21,确定矩形的第一角点,然后输入对角点的相对坐标(@-147,90),矩形的位置如图 8.50(a)所示。

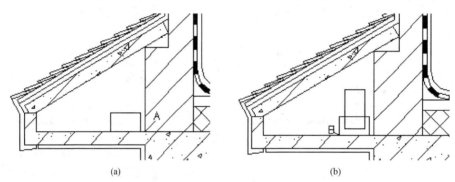

图 8.50 绘制排水配件图(1)

2)重复【矩形】命令,单击【捕捉自】按钮,捕捉基点 B 点,输入偏移坐标(@24,30),确定矩形的第一个角点,然后输入另一个角点的相对坐标(@100,190),矩形的位置如图 8.50(b)所示。

3)单击【直线】按钮,按如下步骤操作。

命令:line 指定第一点:120　　　　　(自 C 点向上追踪 120,确定直线的第一点)

指定下一点或[放弃(U)]:<14　　　　(输入直线的倾斜角度)

角度替代:14.0

指定下一点或[放弃(U)]:　　　　　　(单击 8.51(a)的直线另一点位置)

指定下一点或[放弃(U)]:　　　　　　(按 Enter 键)

倾斜直线的位置如图 8.51(a)所示。

4)单击【直线】按钮，捕捉 D 点作为直线的第一点，利用角度替代的方法绘制一条斜线，倾斜角度为 22°，位置如图 8.51(b)所示。

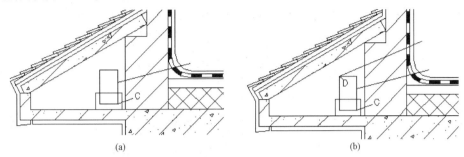

图 8.51　绘制排水配件图(2)

5)选择矩形 E，位置如图 8.52(a)所示，单击【分解】按钮，将其分解，再单击【圆角】按钮，模式为修剪，圆角半径为 100，分别为图示垂直线和倾斜线作圆角处理，删除多余线段，修剪成如图 8.52(b)所示状态。

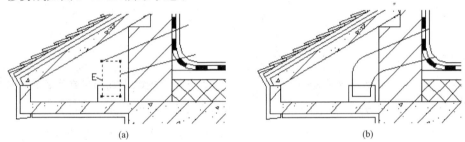

图 8.52　绘制排水配件图(3)

6)单击【矩形】按钮，自 F 点向左追踪 85，确定矩形的第一角点，然后输入对角点的相对坐标(@-50，-110)，矩形的位置如图 8.53 所示。

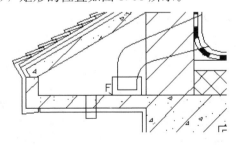

图 8.53　绘制排水配件图(4)

7)单击【直线】按钮，按如下步骤操作。

命令：line 指定第一点：　　　(如图 8.54 所示，沿 G 点向下追踪捕捉到交点 H 确定

　　　　　　　　　　　直线的第一点)

指定下一点或[放弃(U)]：920　　(直线 L 长 920)

指定下一点或[放弃(U)]：　　　(按 Enter 键)

8)单击【偏移】按钮，将直线 L 向右偏移 100，结果如图 8.54 所示。

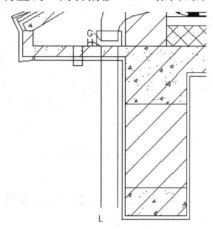

图 8.54　绘制排水配件图(5)

(2)绘制窗及其他。

1)单击【直线】按钮，按如下步骤操作。

命令：line 指定第一点：160　　　(沿 A 点向右追踪 160 确定直线的第一点 B 点)

指定下一点或[放弃(U)]：54　　　(向下追踪 54 确定直线的第二点 C 点)

指定下一点或[放弃(U)]：80　　　(向右追踪 80 确定直线的第三点)

指定下一点或[闭合(C)/放弃(U)]：54　(向上追踪 54 确定直线的第四点)

指定下一点或[闭合(C)/放弃(U)]：　　(按 Enter 键)

结果如图 8.55 所示。

2)单击【直线】按钮，自 C 点向下画一长为 200 的竖直线 L，单击【偏移】按钮，将直线 L 分别向右偏移 30、50、80，结果如图 8.56 所示。

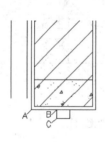　　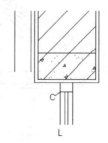

图 8.55　绘制窗图(1)　　　图 8.56　绘制窗图(2)

3)单击【直线】按钮，绘制两侧的直线及折断线，结果如图 8.57 所示。

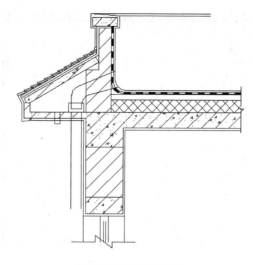

图 8.57 配件完成图

8.2.3 尺寸标注

1. 设置标注尺寸样式

（1）单击【标注样式】按钮 ，在【标注样式管理器】对话框中，单击 新建(N)... 按钮，在出现的【创建新标注样式】对话框中，将新样式名改为"建筑样式"，单击 继续 按钮，在【新建标注样式】对话框中将箭头设为"建筑标记"，将【调整】选项卡内【标注特征比例】选项区域的【使用全局比例】设置为 60，如图 8.58 所示，将【主单位】选项卡内【测量单位比例】选项区域的【比例因子】设置为 0.2，如图 8.59 所示。

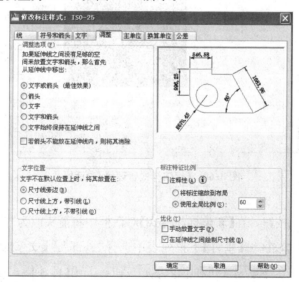

图 8.58 标注样式调整

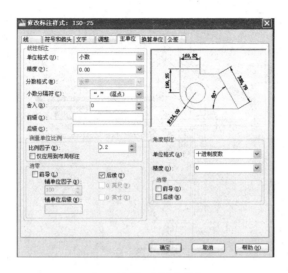

图 8.59 标注样式单位

提示：图形放大 5 倍后，其测量单位比例应缩小 5 倍，为原来的 0.2 倍。

(2)创建角度和半径标注子样式。

1)在【标注样式管理器】对话框(图 8.60)中，单击 新建(N)... 按钮，在出现的【创建新标注样式】对话框中打开【用于】右侧的下拉列表，选择其中的"角度标注"。

图 8.60 【标注样式管理器】对话框

2)单击 继续 按钮，在【新建标注样式】对话框中将箭头改为"实心闭合"，在【文字】选项卡内【文字位置】选项区域【垂直】下拉列表中选择"外部"，【文字对齐】选项区域设置为"水平"，然后依次单击 确定 按钮和 关闭 按钮，关闭【标注样式管理器】对话框。

3)在【标注样式管理器】对话框中，单击 新建(N)... 按钮，在出现的【创建新标注样式】对话框中打开【用于】右侧的下拉列表，选择其中的"半径标注"，按上述相同方法创建"半径"标注子样式，箭头为"实心闭合"，【文字位置】中的"垂直"为"外部"，【文字对齐】方式为"水平"。

2. 标注尺寸

(1)将当前图层设为"标注"层。

(2)单击【标注样式】按钮，在【标注样式管理器】对话框中设置"建筑样式"为当前样式。

(3)利用【线性标注】按钮、【连续标注】按钮、【半径标注】按钮和【角度标注】按钮，为图形作尺寸标注，结果如图 8.61 所示。

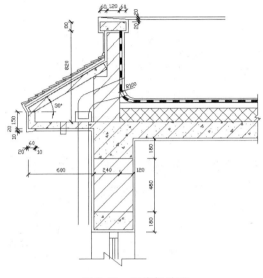

图 8.61 天沟标注图

8.2.4 文字标注

1. 设置文字样式

单击【文字样式】按钮，弹出【文字样式】对话框(图 8.62)，新建一个文字样式，取名为"汉字"，在【字体】选项区域的【字体名】下拉列表框中选择"仿宋_GB2312"。【效果】选项区域中的【宽度因子】设为 0.7。

图 8.62 【文字样式】对话框

2. 标注文字

(1)将"文字"层设为当前层,"汉字"样式为当前样式。

(2)单击【多行文字】按钮**A**,设置多行文字区域后,在【多行文字编辑器】中右击,在弹出的快捷菜单中执行【段落对齐】→【右对齐】命令,然后输入说明文字,文字大小为300,如图8.63所示。

水泥瓦或陶瓦
20厚水泥砂浆坐浆
20厚水泥砂浆找平层
60厚预制混凝土板

图 8.63 文字说明

(3)单击【移动】按钮,将多行文字移到图8.64所示的位置上。

(4)单击【直线】按钮,在图8.65所示位置绘制折线。

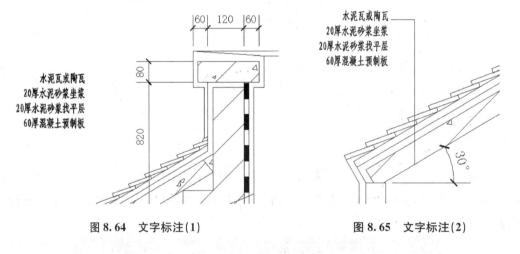

图 8.64 文字标注(1)　　　　图 8.65 文字标注(2)

(5)选择水平线段,如图8.66(a)所示,单击【阵列】按钮,将水平线段"矩形"阵列4行1列,行偏移为550,阵列结果如图8.66(b)所示。

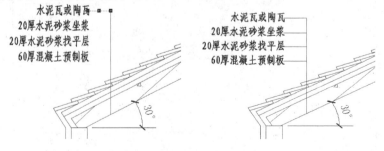

图 8.66 文字标注(3)

(6)利用相同方法可标注如图 8.67 所示文字。不同的是本处应执行【段落对齐】→【左对齐】命令。

图 8.67　文字标注(4)

(7)选择如图 8.68 所示的线段,将其删除,结果如图 8.69 所示。

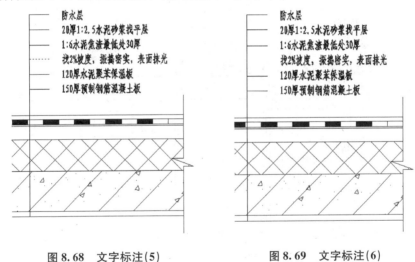

图 8.68　文字标注(5)　　　　图 8.69　文字标注(6)

(8)单击【多行文字】按钮 A,设置多行文字区域后,输入说明文字,文字大小为 300,如图 8.70 所示。

(9)单击【直线】按钮,在图 8.71 所示位置绘制折线。

· 171 ·

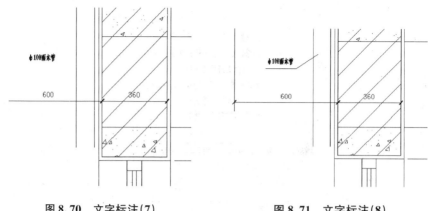

图 8.70 文字标注(7)　　　　图 8.71 文字标注(8)

(10)利用单行文字输入其他位置的说明文字,文字大小为300,用【直线】命令绘制相应位置的折线,结果如图 8.72 所示。

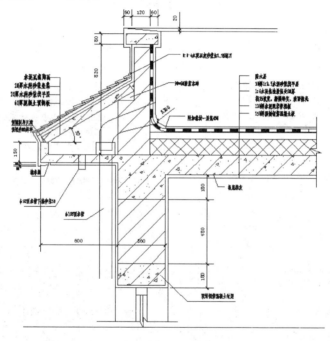

图 8.72 天沟详图

(11)利用多段线绘制图名底部的两条线,然后输入图名。

1)单击【多段线】按钮,并设置线宽为30,绘制一条长为 2 600 的水平线段,并将其向下偏移60,如图 8.73 所示。

2)选择新偏移出的多段线,单击【分解】按钮,结果如图 8.74 所示。

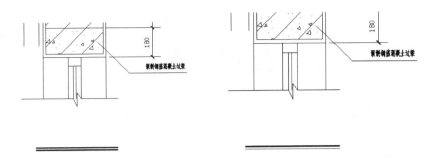

图 8.73　文字补充(1)　　　图 8.74　文字补充(2)

3)单击【文字样式】按钮 ，弹出【文字样式】对话框，新建一个文字样式，取名为"图名"，在【字体】选项区域的【字体名】下拉列表框中选择"黑体"。【效果】选项区域中的【宽度因子】设为 0.7。

4)利用单行文字在屏幕的空白处输入"天沟详图"和"1∶20"，其中"天沟详图"的文字高度为 600，"1∶20"的文字高度为 300。将其移动到多段线的相应位置，如图 8.75 所示。

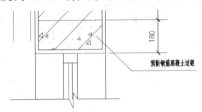

图 8.75　图名标注

(12)单击【标准】工具栏中的【保存】按钮 ，保存文件。

本章小结

本章主要讲述了建筑详图的基本知识和绘制方法，重点以外墙剖面详图和天沟详图为例讲解了房间详图和节点详图的绘制方法。需要注意的是，在整个建筑设计过程中，建筑详图绘制是最细致繁杂的部分，同时也是必不可少的部分。通过本章详图应用实例的讲解，用户不应仅局限于学会这两个实例的绘制，而应该意识到绘制详图有时可以直接从建筑平面图、建筑立面图或建筑剖面图中截取，是对建筑平、立、剖面图设计的完善，表达的内容应全面详细。

习　题

1. 绘制如图 8.76 所示的剖面图。

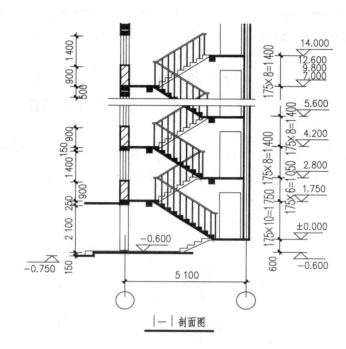

图 8.76　剖面图

2. 绘制如图 8.77 所示的顶层平面图。

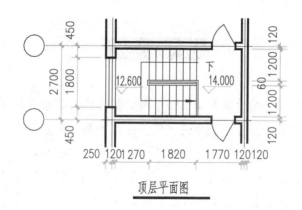

图 8.77　顶层平面图

3. 绘制如图 8.78 所示的详图。

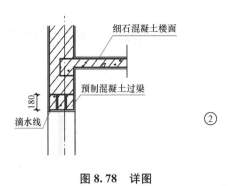

图 8.78 详图

4. 绘制如图 8.79 所示的详图。

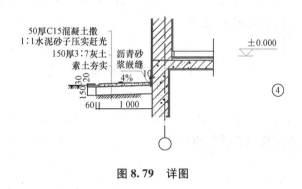

图 8.79 详图

5. 绘制如图 8.80 所示的卫生间大样图。

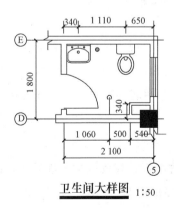

图 8.80 卫生间大样图

第 9 章 AutoCAD 三维制图

本章要点

1. 三维视图。
2. 用户坐标系(UCS)。
3. 绘制三维实体。

本章介绍 AutoCAD 2010 的三维绘图功能，AutoCAD 2010 可以用多种方法绘制三维实体，并可以用各种角度进行三维观察。本章将介绍简单的三维绘图所使用的功能，利用这些功能，用户可以设计出所需要的三维图纸。

9.1 三维视图

要进行三维绘图，首先要掌握观看三维视图的方法，以便在绘图过程中随时掌握绘图信息，并可以调整好视图效果后进行出图。

9.1.1 视点

1. 命令执行方式及功能

下拉菜单：【视图】→【三维视图】→【视点】

命令行：VPOINT

控制观察三维图形时的方向以及视点位置。在【视图】工具栏和功能区【视图】选项卡下【视图】面板中预定义了 10 个常用的视角：俯视、仰视、左视、右视、前视、后视、东南等轴测、西南等轴测、东北等轴测、西北等轴测。用户在变化视角的时候，尽量用这 10 个设置好的视角，这样可以节省时间。

2. 选项说明

图 9.1(a)是一个简单的三维图形，仅仅根据平面视图，用户较难判断单位图形的样子。这时可以利用 VPOINT 命令来调整视图的角度，如图 9.1(b)所示的视图，从而能够直观地感受到图形的形状。

执行 VPOINT 命令，命令行提示如下。

命令：vpoint

当前视图方向：VIEWDIR=1.000, 1.000, 1.000

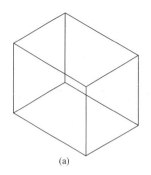 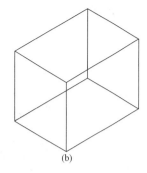

图 9.1　三维图形

指定视点或[旋转(R)]<显示指南针和三轴架>：

(1)视点：使用输入的 X、Y 和 Z 坐标,创建定义观察视图的方向的矢量。定义的视图好像是观察点在该点向原点(0,0,0)方向观察。

(2)旋转。使用两个角度指定新的观察方向。第一个角度指定为在 XY 平面中与 X 轴的夹角,第二个角度指定为与 XY 平面的夹角,位于 XY 平面的上方或下方。

(3)坐标球和三轴架。显示坐标球和三轴架,用来定义视口中的观察方向。坐标球为一个球体的俯视图,十字光标代表视点的位置。拖动鼠标,使十字光标在坐标球范围内移动,光标位于小圆环内表示视点在 Z 轴正方向,光标位于两个圆环之间表示视点在 Z 轴负方向,移动光标就可以设置视点。

9.1.2　动态观察

1. 命令执行方式及功能

下拉菜单：【视图】→【动态观察】

进入三维动态观察模式,控制在三维空间交互查看对象。该命令可使用户同时从 X、Y、Z 三个方向动态观察对象。

用户在不确定使用何种角度观察的时候,可以用该命令,因为该命令提供了实时观察的功能,用户可以随意用鼠标来改变视点,直到达到需要的视角的时候退出该命令,继续编辑。

2. 选项说明

执行命令后动态观察光标图标,视点的位置将随着光标的移动而发生变化,视图的目标将保持静止,视点围绕目标移动。如果水平拖动光标,视点将平行于世界坐标系(WCS)的 XY 平面移动。如果垂直拖动光标,视点将沿 Z 轴移动。

9.1.3　视觉样式

1. 命令执行方式及功能

下拉菜单：【视图】→【视觉样式】

命令行：SHADEMODE

执行该命令可设置视觉样式。

2. 选项说明

执行【视图】→【视觉样式】命令后，系统将弹出子菜单，如图 9.2 所示。

图 9.2 【视觉样式】子菜单

以上各选项含义和功能说明如下。

(1)二维线框：显示用直线和曲线表示边界的对象。光栅和 OLE 对象、线型和线宽都是可见的。

(2)三维线框：显示用直线和曲线表示边界的对象。

9.2 用户坐标系

用户坐标系在二维绘图的时候也会用到，但没有三维那么重要。在三维制图的过程中，往往需要确定 XY 平面，很多情况下，单位实体的建立是在 XY 平面上产生的。所以用户坐标系在绘制三维图形的过程中，会根据绘制图形的要求，进行不断的设置和变更，这比绘制二维图形要频繁很多，正确建立用户坐标系是建立 3D 模型的关键。

1. 命令执行方式及功能

下拉菜单：【工具】→【新建 UCS】

功能区：【视图】选项卡→【坐标】面板→【UCS】按钮

工具栏：【UCS】工具栏中【UCS】按钮

命令行：UCS

该命令是用于坐标输入、操作平面和观察的一种可移动的坐标系统。

2. 选项说明

根据选择对象的不同，UCS 坐标系的方向也有所不同，具体见表 9.1。

表 9.1 UCS 坐标系方向

圆弧	新 UCS 的原点为圆弧的圆心。X 轴通过距离选择点最近的圆弧端点
圆	新 UCS 的原点为圆的圆心。X 轴通过选择点

续表

标注	新 UCS 的原点为标注文字的中点。新 X 轴的方向平行于当绘制该标注时生效的 UCS 的 X 轴
直线	离选择点最近的端点成为新 UCS 的原点。系统选择新的 X 轴使该直线位于新 UCS 的 XZ 平面上。该直线的第二个端点在新坐标系中 Y 坐标为零
点	该点成为新 UCS 的原点
二维多段线	多段线的起点成为新 UCS 的原点。X 轴沿从起点到下一顶点的线段延伸
实体	二维实体的第一点确定新 UCS 的原点。新 X 轴沿前两点之间的连线方向
宽线	宽线的"起点"成为新 UCS 的原点,X 轴沿宽线的中心线方向
三维面	取第一点作为新 UCS 的原点,X 轴沿前两点的连线方向,Y 的正方向取自第一点和第四点。Z 轴由右手定则确定
形、块参照、属性定义	该对象的插入点成为新 UCS 的原点,新 X 轴由对象绕其拉伸方向旋转定义。用于建立新 UCS 的对象在新 UCS 中的旋转角度为零

9.3 绘制三维实体

9.3.1 绘制长方体

1. 命令执行方式及功能

下拉菜单:【绘图】→【建模】→【长方体】

功能区:【常用】选项卡→【建模】面板→【长方体】按钮

工具栏:【建模】工具栏中【长方体】按钮

命令行:BOX

执行该命令可绘制长方体。

2. 选项说明

创建边长都为 10 的立方体,如图 9.3 所示。按如下步骤操作。

图 9.3 用 BOX 命令绘制立方体

命令: box   (执行 box 命令)
指定第一个角点或[中心(C)]:   (点取一点指定图形的一个角点)

指定其他角点或[立方体(C)/长度(L)]：@ 15, 10　(指定 XY 平面上矩形大小)
指定高度或[两点(2P)]：15　　　　　　　(指定高度，按 Enter 键结束命令)

以上各选项含义和功能说明如下。

(1)第一个角点：指定长方体的第一个角点。

(2)中心：通过指定长方体的中心点绘制长方体。

(3)立方体：指定长方体的长、宽、高都为相同长度。

(4)长度：通过指定长方体的长、宽、高来创建三维长方体。

(5)两点：指定长方体的高度为两个指定点之间的距离。

若输入的长度值或坐标值是正值，则以当前 UCS 坐标的 X、Y、Z 轴的正向创建立体图形；若为负值，则以 X、Y、Z 轴的负向创建立体图形。

9.3.2　绘制球体

1. 命令执行方式及功能

下拉菜单：【绘图】→【建模】→【球体】

功能区：【常用】选项卡→【建模】面板→【球体】按钮

工具栏：【建模】工具栏下【球体】按钮

命令行：SPHERE

执行该命令可绘制三维球体。默认情况下，球体的中心轴平行于当前用户坐标系(UCS)的 Z 轴。纬线与 XY 平面平行。

2. 选项说明

创建半径为 10 的球体，如图 9.4 所示。按如下步骤操作。

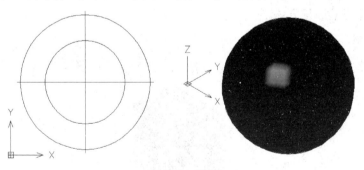

图 9.4　用 SPHERE 命令创建球体

命令：sphere　　　　　　　　　　　　(执行 sphere 命令)
指定中心点或[三点(3P)/两点(2P)/切点、切点、半径(T)]：
　　　　　　　　　　　　　　　　　　(点选一点指定球心位置)
指定球体半径或[直径(D)]：　　　　　　(10 指定半径值，按 Enter 键结束命令)

以上各选项含义和功能说明如下：

(1)三点：通过在三维空间的位置指定三个点来定义球体的圆周。三个指定点也可以定义周围平面。

(2)两点：通过在三维空间的任意位置指定两个点来定义球体的圆周。第一点的 Z 值定义周围所在平面。

(3)切点、切点、半径：通过指定半径定义可与两个对象相切的球体。指定的切点将投影到当前 UCS。

(4)半径：定义球体的半径。

(5)直径：定义球体的直径。

本章小结

本章主要介绍了三维坐标、三维视图、三维图形绘制三个方面的内容，尽管 AutoCAD 2010 是一个主要针对二维绘图的软件，但其中也有三维绘图的功能，甚至可以作出具有渲染效果的图。学完本章后，用户应该具有基本的三维绘图的理念，能够制作出简单的三维图纸。

习　题

1. 绘制长方体。
2. 试绘制圆柱体。
3. 点定义 UCS，第一点为＿＿＿＿＿＿，第二点为＿＿＿＿＿＿，第三点为＿＿＿＿＿＿。
4. 轴矢量定义 UCS，第一点为＿＿＿＿＿＿，第二点为＿＿＿＿＿＿。
5. 执行 ALIGN 命令后，选择两对点对齐，则(　　)。

　　A. 物体只能在 2D 或 3D 空间中移动

　　B. 物体只能在 2D 或 3D 空间中旋转

　　C. 物体只能在 2D 或 3D 空间中缩放

　　D. 物体在 3D 空间中移动、旋转、缩放

第 10 章　AutoCAD 图形打印及快捷键

10.1　图形打印

用户绘制图形后,可以使用多种方法输出:可以打印在图纸上,也可以创建成文件以供其他应用程序使用。AutoCAD 2010 为用户提供了完善的图形打印功能。用户在打印之前可以进行各种打印设置,如设置打印设备、打印样式、图纸尺寸、打印方向、打印比例等。用 AutoCAD 绘图时,一般应在模型空间绘图,在布局中进行打印设置、打印输出。

10.1.1　打印页面设置

AutoCAD 的布局主要用于打印设置。在布局中,用户可以设置图形打印输出时的图纸页面、打印设备等内容。实现页面设置的命令是 PAGESETUP,通过下拉菜单项【文件】→【页面设置管理器】可执行此命令。设当前位于布局中,执行 PAGESETUP 命令,将打开【页面设置管理器】对话框。此对话框用于设置打印图形时的图纸页面、打印设备等内容。对话框中的【添加】按钮用于将当前的打印设置命名保存。一旦将某一打印设置命名保存,就可以在其他布局中使用该打印设置。

在某一布局使用图形中,已命名保存的打印设置的方法是,在要使用该打印设置的布局中打开【页面设置】对话框,从【页面设置名】下拉列表中将命名保存的打印设置置为当前设置即可。"页面设置"对话框中有"打印设备"和"布局设置"两个选项卡,下面分别介绍。

1. 设置打印设备

【打印设备】选项卡用于确定所使用的打印设备及相关设置。图 10.1 为相应的工作界面。在该选项卡中,用户可通过【打印机配置】选项组的【名称】下拉列表确定要使用的打印设备;通过【打印样式表】选项组中的"名称"下拉列表确定图形使用的打印样式表。

2. 设置布局

【布局设置】选项卡用于设置打印图形时的打印区域、打印比例等内容。图 10.2 为对话框中的主要项,具体内容如下。

(1)【图纸尺寸和图纸单位】在确定将图形打印输出时的图纸尺寸时,用户可通过"图纸尺寸"下拉列表确定与指定打印设备相对应的图纸尺寸。一旦确定了图纸尺寸,AutoCAD 就会在"可打印区域"处显示出图纸上的可打印范围。此外,可通过【英寸】或【毫米】单选按钮确定图纸的单位。

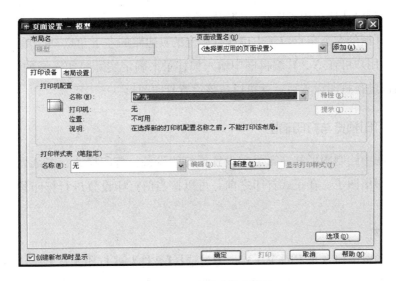

图 10.1 "打印设备"对话框

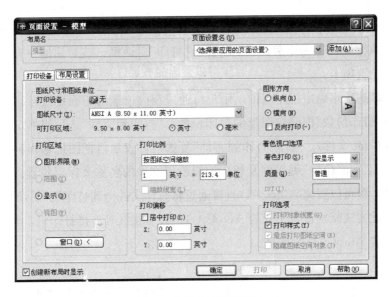

图 10.2 "布局设置"选项卡

(2)【图形方向】选项组。确定图形在图纸中的打印方向,有"纵向"、"横向"和"反向打印"三种选择。其中"纵向"以图纸的短边作为图形页面的顶部,"横向"以图纸的长边作为图形页面的顶部,"反向打印"则允许在图纸中上下颠倒地打印图形。

(3)【打印区域】选项组用于确定图形的打印范围。当通过布局打印输出图形时,一般应选中"布局"单选按钮,以表示将打印在当前布局中显示的图形。当将"打印偏移"设为零时,图形的打印区域为位于布局页边距之内的区域,即位于布局中由虚线框确定的区域。

(4)【打印比例】选项组确定图形的打印比例。用户可通过"比例"下拉列表确定图形的打印比例,也可以通过"自定义"编辑框自定义比例。

(5)【打印偏移】选项组确定图纸上的实际打印区域相对于图纸左下角点的偏移量。在布局中，可打印区域的左下角点位于由虚线框确定的页边距的左下角点[页边距左下角点的坐标为(0，0)]。用户可在 X、Y 编辑框中输入偏移量来确定实际打印区域的位置。通过"页面设置"对话框进行打印设置后，就可以按该设置打印图形。

10.1.2 打印预览与打印输出

在模型空间中绘制图形并在布局中设置了打印设备、打印样式、图纸尺寸等打印内容后，就可以打印出图了。在正式打印之前，可以按当前打印设置进行打印预览，以观看打印效果。

1. 打印预览

实现打印预览的命令是 PREVIEW。通过选择【文件】→【打印预览】命令可执行该命令。AutoCAD 会按当前打印设置显示出图形的真实打印效果。

2. 打印图形

实现图形打印的命令是 PLOT。通过选择【文件】→【打印】或【标准】工具栏上的按钮可执行该命令。执行 PLOT 命令后，系统将弹出"打印"对话框，该对话框中有"打印设备"和"页面设置"两个选项卡。

"打印范围"选项组确定打印范围，用户可通过相应单选按钮确定要打印哪些选项卡中的图形。通过"打印份数"框确定图形的打印份数。"打印到文件"选项组确定是否将图形输出到打印文件(.plt 文件)。选中"打印到文件"复选框，表示将把图形输出到打印文件，此时可通过"文件名"和"位置"编辑框及相应按钮确定文件的名称及保存位置。一旦将图形输出到打印文件，就可以脱离 AutoCAD 直接通过将打印文件拖到打印机图标的方法实现图形的打印输出。此方法特别适合于安装 AutoCAD 的计算机没有连接打印机，而连接打印机的计算机又没安装 AutoCAD 的场合。

10.2 AutoCAD 2010 功能键和快捷键

F2：实现作图窗和文本窗口的切换

F3：控制是否实现对象自动捕捉

F4：数字化仪控制

F5：等轴测平面切换

F6：控制状态行上坐标的显示方式

F7：栅格显示模式控制

F8：正交模式控制

F9：栅格捕捉模式控制

F10：极轴模式控制

F11：对象追踪式控制

Ctrl+B：栅格捕捉模式控制(F9)

dra：半径标注

ddi：直径标注

dal：对齐标注

dan：角度标注

Ctrl+C：将选择的对象复制到剪贴板上

Ctrl+F：控制是否实现对象自动捕捉(f3)

Ctrl+G：栅格显示模式控制(F7)

Ctrl+J：重复执行上一步命令

Ctrl+K：超级链接

Ctrl+N：新建图形文件

Ctrl+M：打开选项对话框

AR：阵列(array)

AV：打开视图对话框(dsviewer)

SE：打开对象自动捕捉对话框

ST：打开字体设置对话框(style)

SO：绘制二围面(2d solid)

SP：拼音的校核(spell)

SC：缩放比例(scale)

SN：栅格捕捉模式设置(snap)

DT：文本的设置(dtext)

DI：测量两点间的距离

OI：插入外部对象

Ctrl+1：打开特性对话框

Ctrl+2：打开图像资源管理器

Ctrl+6：打开图像数据原子

Ctrl+O：打开图像文件

Ctrl+P：打开打印对话框

Ctrl+S：保存文件

Ctrl+U：极轴模式控制(F10)

Ctrl+v：粘贴剪贴板上的内容

Ctrl+W：对象追踪式控制(F11)

Ctrl+X：剪切所选择的内容

Ctrl+Y：重做

Ctrl+Z：取消前一步的操作

A：绘圆弧

B：定义块

C：画圆

D：尺寸资源管理器

E：删除

F：倒圆角

G：对相组合

H：填充

I：插入

S：拉伸

T：文本输入

W：定义块并保存到硬盘中

L：直线

M：移动

X：炸开

V：设置当前坐标

U：恢复上一次操作

O：偏移

P：移动

Z：缩放

Shift+Ctrl+A：适应透视图格点

Alt+A：排列

Alt+Ctrl+B：背景锁定(开关)

Ctrl+F：循环改变选择方式

Ctrl+L：默认灯光(开关)

DEL：删除物体

Ctrl+E：是否显示几何体内框(开关)

Alt+1：显示第一个工具条

Ctrl+X：全屏(开关)

Alt+Ctrl+H：暂存(Hold)场景

Alt+Ctrl+F：取回(Fetch)场景

Shift+C：显示/隐藏相机(Cameras)

Shift+O：显示/隐藏几何体(Geometry)

Shift+H：显示/隐藏帮助(Helpers)物体

Shift+L：显示/隐藏光源(Lights)

Shift+P：显示/隐藏粒子系统(Particle Systems)

Shift+W：显示/隐藏空间扭曲(Space Warps)物体

Alt+0：锁定用户界面(开关)

Ctrl+C：匹配到相机(Camera)视图

F11：脚本编辑器

Ctrl+N：新的场景

Alt+N：法线(Normal)对齐

Alt+L 或 Ctrl+4：NURBS 表面显示方式

Ctrl+1：NURBS 调整方格 1

Ctrl+2：NURBS 调整方格 2

Ctrl+3：NURBS 调整方格 3

Alt+Ctrl+空格：偏移捕捉

Ctrl+O：打开一个 MAX 文件

Ctrl+H：放置高光(Highlight)

Shift+Q：快速(Quick)渲染

Shift+E 或 F9：用前一次的参数进行渲染

Shift+R 或 F10：渲染配置

Ctrl+R 或 V：旋转(Rotate)视图模式

Ctrl+S：保存(Save)文件

Alt+X：透明显示所选物体(开关)

PageUp：选择父物体

PageDown：选择子物体

F2：减淡所选物体的面(开关)

Shift+G：显示所有视图网格(Grids)(开关)

Ctrl+I：显示最后一次渲染的图画

Alt+6：显示/隐藏主要工具栏

Shift+F：显示/隐藏安全框

J：显示/隐藏所选物体的支架

Shift+Ctrl+P：百分比(Percent)捕捉(开关)

S：打开/关闭捕捉(Snap)

Alt＋空格：循环通过捕捉点

Shift＋I：间隔放置物体

Shift＋4：改变到光线视图

Ctrl＋B：子物体选择（开关）

Ctrl＋T：贴图材质（Texture）修正

Alt＋Shift＋Ctrl＋B：刷新背景图像（Background）

Alt＋B：视图背景（Background）

Shift＋B：用方框（Box）快显几何体（开关）

Shift＋Ctrl＋Z：全部视图显示所有物体

E：视窗缩放到选择物体范围（Extents）

Alt＋Ctrl＋Z：缩放范围

Shift＋数字键盘＋：视窗放大两倍

Shift＋数字键盘－：视窗缩小50％

Ctrl＋w：根据框选进行放大

空格：锁定所选物体

↓：向上移动高亮显示

↑：向下移动高亮显示

←：向左轻移关键帧

→：向右轻移关键帧

F4：位置区域模式

Ctrl＋A：回到上一场景操作

F9：用前一次的配置进行渲染

F10：渲染配置

Ctrl＋↓：向下收拢

Ctrl＋↑：向上收拢

F9：用前一次的配置进行渲染

Ctrl＋I：加入输入（Input）项目

Ctrl＋L：加入图层（Layer）项目

Ctrl＋O：加入输出（Output）项目

Ctrl＋A：加入（Add）新的项目

Ctrl＋s：加入场景（Scene）事件

Ctrl＋E：编辑（Edit）当前事件

Ctrl＋R：执行（Run）序列

Ctrl＋N：新（New）的序列

Ctrl+Z：撤销场景

Alt+N：CV 约束法线（Normal）移动

Alt+U：CV 约束到 U 向移动

Alt+V：CV 约束到 V 向移动

Shift+Ctrl+C：显示曲线（Curves）

Ctrl+D：显示控制点（Dependents）

Ctrl+L：显示格子（Lattices）

Alt+L：NURBS 面显示方式切换

Shift+Ctrl+s：显示表面（Surfaces）

Ctrl+T：显示工具箱（Toolbox）

Shift+Ctrl+T：显示表面整齐（Trims）

Ctrl+H：根据名字选择本物体的子层级

H：根据名字选择子物体

Ctrl+s：柔软所选物体

Alt+Shift+Z：转换到 Curve CV 层级

Alt+Shift+C：转换到 Curve 层级

Alt+Shift+I：转换到 Imports 层级

Alt+Shift+P：转换到 Point 层级

Alt+Shift+V：转换到 Surface CV 层级

Alt+Shift+S：转换到 Surface 层级

Alt+Shift+T：转换到上一层级

Ctrl+X：转换降级

Alt+Shift+C：转换到控制点（Control Point）层级

Alt+Shift+L：到格点（Lattice）层级

Alt+Shift+S：到设置体积（Volume）层级

Alt+Shift+T：转换到上层级

打开的 UVW 贴图

Ctrl+E：进入编辑（Edit）UVW 模式

Alt+Shift+Ctrl+L：调用□.uvw 文件

Alt+Shift+Ctrl+S：保存 UVW 为□.uvw 格式的文件

Ctrl+B：打断（Break）选择点

Ctrl+D：分离（Detach）边界点

Ctrl+空格：过滤选择面

Alt+Shift+Ctrl+B：水平翻转

Alt＋Shift＋Ctrl＋V：垂直(Vertical)翻转

Ctrl＋F：冻结(Freeze)所选材质点

Ctrl＋H：隐藏(Hide)所选材质点

Alt＋F：全部解冻(unFreeze)

Alt＋H：全部取消隐藏(unHide)

Alt＋Shift＋Ctrl＋F：从堆栈中获取面选集

Alt＋Shift＋Ctrl＋V：从面获取选集

Alt＋Shift＋Ctrl＋N：水平镜像

Alt＋Shift＋Ctrl＋M：垂直镜像

Alt＋Shift＋Ctrl＋J：水平移动

Alt＋Shift＋Ctrl＋K：垂直移动

Ctrl＋P：平移视图

Alt＋Shift＋Ctrl＋R：平面贴图面/重设 UVW

Alt＋Shift＋Ctrl＋I：水平缩放

Alt＋Shift＋Ctrl＋O：垂直缩放

Alt＋Ctrl＋W：焊接(Weld)所选的材质点

Ctrl＋W：焊接(Weld)到目标材质点

Ctrl＋O：Unwrap 的选项(Options)

Alt＋Shift＋Ctrl＋M：更新贴图(Map)

Alt＋Ctrl＋Z：将 Unwrap 视图扩展到全部显示

Alt＋Shift＋Ctrl＋Z：将 Unwrap 视图扩展到所选材质点的大小

Alt＋Ctrl＋C：建立(Create)反应(Reaction)

Alt＋Ctrl＋D：删除(Delete)反应(Reaction)

Alt＋Ctrl＋s：编辑状态(State)切换

Ctrl＋I：设置最大影响(Influence)

Alt＋I：设置最小影响(Influence)

Alt＋Ctrl＋V：设置影响值(Value)

AutoCAD 中 4 个空格键的小技巧：一下空格—移动，二下空格—旋转，三下空格—缩放，四下空格—镜像。

参 考 文 献

[1] 赖文辉. 建筑CAD[M]. 重庆：重庆大学出版社，2004.

[2] 何倩玲，冯强，蔡奕武，等. 中望CAD软件使用教程[M]. 广州：广州中望龙腾软件股份有限公司，2010.

[3] 吕大为. 建筑工程CAD[M]. 北京：中国电力出版社，2007.

[4] 方晨. AutoCAD 2009中文版实例教程[M]. 上海：上海科学普及出版社，2010.

[5] 曹志民，万红. AutoCAD建筑制图实用教程（2010版）[M]. 北京：清华大学出版社，2010.

[6] 《新编中文AutoCAD 2004基础与实例教程》编委会. 新编中文AutoCAD 2004基础与实例教程[M]. 西安：陕西科学技术出版社，2004.

[7] 倪祥明，胡喜仁，夏文秀. AutoCAD 2008中文版标准教程[M]. 北京：科学出版社，2007.

[8] 黄仕君. AutoCAD 2008实用教程[M]. 北京：北京邮电大学出版社，2008.

[9] 赵雪. 中文AutoCAD 2006标准教程[M]. 西安：西北工业大学音像电子出版社，2005.

[10] 田雷. 新编中文版AutoCAD 2007入门与提高[M]. 西安：西北工业大学音像电子出版社，2007.

[11] 邹锦波. AutoCAD 2006实用教程[M]. 合肥：安徽科学技术出版社，2008.

[12] 丁文华. 建筑CAD[M]. 北京：高等教育出版社，2008.

[13] 董岚，刘华斌. 建筑工程CAD[M]. 郑州：黄河水利出版社，2011.